# 旱域探奇湖

## 亚洲中部干旱区的22个湖泊

刘瑛 著

清华大学出版社

北京

**图书在版编目（CIP）数据**

旱域探奇湖：亚洲中部干旱区的22个湖泊 / 刘瑛著.— 北京:清华大学出版社，2023.3
ISBN 978-7-302-62902-3

Ⅰ.①旱… Ⅱ.①刘… Ⅲ.①湖泊—亚洲—普及读物 Ⅳ.①P941.78-49

中国国家版本馆CIP数据核字（2023）第039142号

**责任编辑：** 刘　杨
**封面设计：** 郭　瑜
**责任校对：** 赵丽敏
**责任印制：** 曹婉颖

**出版发行：** 清华大学出版社
　　　　　网　　　址：http://www.tup.com.cn, http://www.wqbook.com
　　　　　地　　　址：北京清华大学学研大厦A座　　　　邮　　编：100084
　　　　　社 总 机：010-83470000　　　　邮　　购：010-62786544
　　　　　投稿与读者服务：010-62776969, c-service@tup.tsinghua.edu.cn
　　　　　质量反馈：010-62772015, zhiliang@tup.tsinghua.edu.cn
**印 装 者：** 小森印刷（北京）有限公司
**经　　销：** 全国新华书店
**开　　本：** 170mm×230mm　　　　**印　张：** 18.5　　　　**字　数：** 252千字
**版　　次：** 2023年3月第1版　　　　**印　次：** 2023年3月第1次印刷
**定　　价：** 128.00元

产品编号：098859-01

《旱域探奇湖：亚洲中部干旱区的 22 个湖泊》一书展示了亚洲中部干旱区特色鲜明、风景各异，且见证了地球沧海桑田变化的 22 个湖泊，其中包括新疆的湖泊 16 个，青海的湖泊 3 个，中亚的湖泊 3 个。这些湖泊中，有一些人迹罕至、与世隔绝，只有科考队才能涉足；有一些则名声远扬、游人如织，是人们向往的旅游打卡地；也有一些，在近 100 年时间里，在干涸与复活中百转千回地徘徊；还有一些，早已消失在历史的烟尘中，成为大地的烙印。

该书作者除了介绍自己的亲身见闻，也查阅了大量文献，其中一些资料和数据，是第三次新疆综合科学考察的最新成果。近年来，随着生态文明建设和"美丽中国"理念的深入人心，大家已经可以切实感受到中国在保护生态环境、促进人与自然和谐共生方面的措施与成效。

山川异域，风月同天，希望随着新疆科普作家刘瑛《旱域探奇湖：亚洲中部干旱区的 22 个湖泊》的出版，能唤醒更多人主动了解、探索亚洲中部干旱区的山山水水，能摒弃以人类为中心的观念，真正形成人类与自然和谐相处的理念，共赏风景，共护未来，关爱蓝色星球，诸君一起努力！

我也希望有更多读者踏上亚洲中部干旱区这片土地，游走于其中，不管是为了旅游观光还是博物观察，都能开启自己的"寻湖"之旅。只有真正走近一座山，一片湖，一条路，才能见天地，见众生，见自己。

特此作序。

中国科学院院士，武汉大学教授

2023 年 3 月

# 旱域湖中有秘境

写作之初，收集材料的时候，很多人问我："为什么会写一本关于湖泊的书？"我微笑不答，其实答案藏在成长经历中。

我出生在塔里木盆地的南疆重镇阿克苏市，这里与塔克拉玛干沙漠相邻，虽然已经算是生态环境较为良好的地方，但出城20千米便是戈壁荒滩和连绵不绝的岩山土山。所以，对湖泊这种大面积水域的喜欢，来自年幼时心存的渴望。一如现在的海南及广西的北海等地，住着很多来自新疆的老人，这就是一种对临水而居的执念，根深蒂固，挥之不去。

随着年龄的增长，每去一地，我都会浏览我所能到达的每一个湖。最终的印象是，我更喜欢那些散落在荒野中的湖泊，它们宁静、深邃，记录着我们这颗蓝色星球的地质变迁，也留下了太多时空的烙印。这，也是我写这本书的初衷。

写作前，恰逢第三次新疆综合科学考察启动，这是近40年来首次对新疆的资源环境家底开展大规模的科学考察和摸底。我异常欣喜，一方面，我可以随队了解部分河湖流域的情况；另一方面，这将从科学的角度，更加精准地绘就那些在干旱区经历了环境变化的河湖如今的模样。

对于大多数中国人来说，湖的概念更多源自西湖、鄱阳湖、洞庭湖等东部平原地区的湖泊。而对于干旱区的湖泊，认知很少，甚至在很多人的理念里，干旱区怎么会有湖？不应该都是沙漠荒滩吗？其实，干旱区不仅有湖还有大湖，这恰恰是大自然给人类的惊喜。

而我更想与读者分享的，则是怎样去看湖？是的，我笔下的大多数湖，都需要历经远途，翻山越岭或者穿越荒野去找寻，而除了大概率上可以预见的湖光山色之外，还有多彩变化着的湖水颜色，完全不同的地质构造以及各种奇特的草木鸟兽。你可以从一个湖的源头来了解它，可以从湖中的生物推断它，也可以从一个干涸的湖盆去认知它，更可以从湖畔的鸟兽去领悟它，当然也可以通过河流掌握整个河湖流域的概况。

认识一个湖的方式，从来不统一，只有近距离接触，才会发现，这些身处亚洲腹地的湖泊，即便是在高原沙漠中孤寂存在，也有着某种震撼心魄的力量，它的那份宁静和深邃，会让你聆听到内心深处的自然之声。

很多学者都说，湖泊除了自然属性，还有非常强烈的人文属性。而我，在整个写作过程中，刻意回避了关于人文属性和人文故事的记录及撰写，其实是有我的用意的。我希望这是一本关于湖泊的自然科普散文图书，亦能趋向我对自然文学的探索。力图摒弃凡事皆以"人"为中心的理念，而是将目光转向自然，探索自然，以文学的形式，进一步激发人们与自然和谐共存的意识。让人们在一种流动的美感、真实的触碰、全身心的感悟中，体会每一个湖泊。

感谢夏军院士为我的书作序，感谢在写作过程中给予我指导和审稿的新疆地理学家胡汝骥老先生，感谢我的同事刘铁、李均力、李耀明、许文强、黄粤、钟瑞森、朱成刚、张波、王川等为我提供了科考的一手资料，并帮助我审核相关内容。更感谢我的家人，在我秉灯阅读文献和执笔写作过程中，给予了我最大的包容和支持。

刘瑛

2023 年 3 月

本图书由第三次新疆综合科学考察：空天地网一体化综合科考监测体系建设项目（2021xjkk1400）和中国科学院科普专项资助支持。

# 目录

# 01

缘起东天山

# 1 / 托勒库勒湖：幻彩静谧隐奇观

湖水在天空蓝、柔美粉、梦幻紫等百媚千娇的色彩中变换，让托勒库勒湖以"幻彩湖"之姿声名远播。

　　"唯有我们觉醒之际，天才会破晓。破晓的，不止是黎明。太阳只不过是一颗晨星。"8 月微凉的清晨时分，我特意早起，来到托勒库勒湖畔欣赏瑰丽的湖景，那一刻，梭罗在《瓦尔登湖》中的这句话浮现在我的脑海中。

　　是的，在我们用心感悟自然的时候，感悟到的往往是一种心境，而不仅是眼前的景色。大自然的美丽和神秘让我们心醉神迷，而我们想要从大自然中体味的，却是剥离了层层伪装的生命本真。就像我，此刻想拨开层层迷雾，探寻托勒库勒湖最真实的模样。

◎晨光中静谧的幻彩湖

地理坐标为东经 94°09′~ 94°16′，北纬 43°21′~
43°25′ 的托勒库勒湖（Tuolekule Lake），维吾尔语意
为"静谧的湖"。这个被外界称为"幻彩湖"的咸水
湖，地处伊吾县，距伊吾县盐池乡不足两千米，是哈
密市至伊吾公路的必经之地，所以，它也被称为"伊
吾盐池"。

幻彩湖并非传说，而是确有其事。每当天空晴
朗，托勒库勒湖和其他湖泊一样，如一面淡蓝色的
镜子，映衬着水天一色的湖景，与湖周的碧草、远
处的山峦构成典型的湖光山色美景；而到了黎明和日

◎牛羊悠闲地在幻彩湖畔吃草，各种色彩的盐生植物将湖畔妆点得别具风格

落时分，在朝霞和晚霞的映照下，一池透红的湖水与霞光争奇斗艳，雾霭裹住远山，只露出山峰在其中若隐若现，一派迷离梦幻的模样；更神奇的是，每当天空中乌云翻滚，风雨将至时，湖水又会变化，由粉变紫，与滚滚乌云来个色彩对冲，有几分神秘，更有几分超然。一个湖有如此百媚千娇的色彩和姿态，确实无愧于"幻彩湖"的美名。

据科学家解释，让湖水颜色随着天气变化的是一种叫杜氏盐藻的嗜盐微生物，它会产生红色色素，这种色素能够吸收阳光，从而实现自我繁殖。因为杜氏盐藻吸收不同的阳光而变化成不同的颜色，所以湖水也会因杜氏盐藻自身的变化而发生改变。哪有无缘无故的"玫瑰湖"，果然湖里有"妖姬"，这倒也不失为托勒库勒湖的一个特点。

然而，望着眼前正在由绯红变成湛蓝的湖水，我突然疑惑，大自然还有多少神奇和梦幻是人类想解而未能解开的？而人类揭开这些谜底之后，是否还会一如既往地深爱这美景？文人看它，是一首扑朔迷离的诗；画家眼中，便是上帝的调色盘；科学家的视野里，更多的是探寻。当谜底揭晓之后，所有人都会感慨，这色彩构成了大地上一道绮丽的画卷，这是大自然自我表达的原材料，是一切美的初始源泉，让人类更加贴近远古自然，感受大地深沉永久的节奏。

一般情况下，一个令人神往的湖泊，除了湖水之外，还需要由湖周的植物、山体共同构筑美丽的图

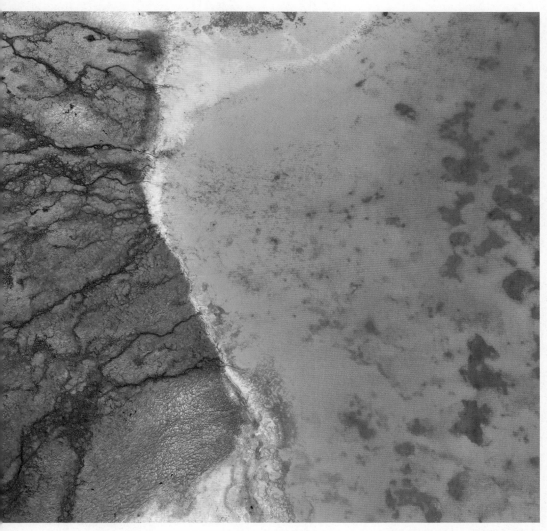

◎颜色对比鲜明的幻彩湖　申佳霖摄

◎柄囊苔草（*Carex stenophylla*） 段士民 摄

◎盐角草 段士民 摄

景。对于托勒库勒湖而言更是如此，只有植物和湖水相互映衬，才会让湖水显得更加娇艳动人，而远处的山峦是最好的底色。在托勒库勒湖湖盆低洼平坦的区域，主要生长着白刺灌丛，每到秋日，上面挂满了红色的浆果，别有一番韵致。而湖滨的草甸则主要由薹草、蒿草、风毛菊等组成，都是荒漠地带常见的植物类型。让人没想到的是最靠近湖边的草原，主要成员居然是芨芨草和盐爪爪等植物，原来，在初秋远望，泛着黄绿色的迷人草场，居然是如此普通的荒漠植物在"招摇美貌"。但转念一想，美从来没有限定，所谓大美，往往是诸多简单元素最原始的组合，浑然天成，无须刻意雕琢。

托勒库勒湖的海拔是 1892 米，面积并不大，为 20 ～ 30 平方千米。第三次新疆综合科学考察中，相关科研团队调取该湖的遥感图显示，湖泊呈长葫芦

◎幻彩湖的盐花　丁启振摄

◎科考队员在幻彩湖取水样　丁启振摄

状，最大水深超过 1 米。这是一个无常年性汇入河流的湖，水源主要为天山东段的喀尔里克山和莫钦乌拉山的冰雪融水形成的间接性水流。通常情况下，天山的冰雪融水在出山口地带会转变为地下水，然后又在湖泊周围的草甸神出鬼没般涌出地面，并形成许多细小溪流和泉水注入湖中，托勒库勒湖的水源就是如此而来。科学家通过监测发现，托勒库勒湖水的补给，远比不上湖水的失散，湖区的年均降水量和蒸发量分别为 102.1 毫米和 2300 毫米，而蒸发是湖泊水体失散的主要途径。

地质学家发现，其湖盆中第四系广泛分布，根据湖相地层判断，古时托勒库勒湖的最大面积曾达数百平方千米。而如今，托勒库勒湖已由一个不足30 平方千米的咸水湖演变成了一个典型的盐湖，湖周积满白色盐壳。由于入湖水量不断减少，湖水矿化

◎正午阳光照射下的幻彩湖　申佳霖 摄

度也在逐年升高，近年来的矿化度已超过了 270 克 /
升。湖中出产的盐类沉积矿物，以硫酸盐类的芒硝、
无水芒硝为主。

◎小果白刺（*Nitraria sibirica*）　潘伯荣 摄

　　很显然，托勒库勒湖是一个盐矿资源丰富的湖
泊，探明的石盐储量为 58 万吨，储有芒硝矿 2000 万
吨。但这资源差一点儿就成了毁掉"幻彩湖"的黑暗
动力。因为生产芒硝，湖中堤坝交错，湖区泉眼被堵，
本就不多的水源补给几近中断，导致湖面面积不断
萎缩。2007 年还有 30.01 平方千米的湖面面积，到

2013 年已经萎缩到 23 平方千米。为了加大治理力度，2020 年 1 月，当地通过发行地方政府专项债券筹集资金 2000 万元，用于托勒库勒湖的治理，如今湖面面积正在不断恢复。人们修复的不仅是这旷野中一抹彩色的湖泊，更是他们内心对大自然本真的向往。唯有觉醒之际，天才会破晓，破晓的，不止是黎明，更是我们面对大自然的知觉和反思。

此地除了自然的馈赠，还有古人类的遗留。在托勒库勒湖东侧，考古学家发现了一处古城和古墓葬群，在这个被命名为"盐池古城"的遗址内，发现有成组房址和零散分布的墓葬，以及铜弩机、石锄、石磨盘和大量陶器残片等遗物。结合遗物、遗迹的特征和炭化青稞标本的测年结果，考古学家推断，盐池古城遗址的年代上限可以确定在青铜器时代晚期。果然，这彩色的湖泊从来都不曾寂寞，人类曾与之相依相伴多年。

文中部分相关资料及图片由"第三次新疆综合科学考察"课题"吐哈盆地地下水调查"项目组提供。

巴里坤湖像一个阴气不定的"小淘气",随意增减湖面面积,这并非"自作主张"的行为,而是气候变化和人类活动双重作用的结果。

◎暮色中的巴里坤湖　范书财 摄

　　去过巴里坤湖的人，对"上帝的调色盘"这个概念应该会有十分深刻的理解。明镜般的湖面与碧蓝的天空交融，形成水天相依的底色，青黄色的芦苇与湖周的皑皑白盐在画面中相得益彰地彼此成全，不远处泛黄的荒漠草地和低头啃食的牛羊为画布增添了几分静美，而湖边旷野中泛着红色的盐角草和远处青色的山峦遥相辉映。

　　巴里坤湖的景色确实是令人目不暇接的色彩混搭，每一处都美得那么浓郁张扬，每一种色彩都浓

◎湖畔草原上悠闲的牛羊　刘瑛 摄

烈饱满，组合在一幅图景中竟又出奇地和谐，让你感慨大自然是最佳配色师，即便混搭也不会出半点儿差池。

巴里坤湖（Balikun Lake），古称"蒲类泽""蒲类海"等，清代后期开始称为"巴里坤湖"。《中国新疆河湖全书》中记载此湖位于巴里坤山和莫钦乌拉山之间的地堑构造带洼地，湖面海拔 1585 米，是发源于巴里坤山北坡和莫钦乌拉山南坡的柳条河等河流的尾闾湖，属于巴里坤山间盆地内陆的闭口咸

◎皑皑盐矿　范书财 摄

水湖。受地势影响，主要水源柳条河流域内较大的
河流都是向西而流，与传统的"大河东流，百川归海"
的情况截然相反，形成了独特的地理现象。

　　巴里坤湖周边的河流，每年携带着土壤中的盐
分泄入湖中，科研人员测量的结果显示，巴里坤湖
的湖水矿化度高达 323.24 克 / 升，仅湖表的卤水层
就有 0.5 ~ 0.7 米厚。也因此，巴里坤湖与青海茶卡
盐湖、青海察尔汗盐湖、山西运城盐湖被并称为"中
国四大盐湖"。

　　巴里坤湖的湖面面积，一直像个阴晴不定的"小
淘气"。第三次新疆综合科学考察中，科学家根据
遥感监测数据发现：1995 年监测到的湖面最大面积

◎巴里坤湖盐碱滩上的觅食者　申佳霖 摄

为 90 平方千米，2005 年就变成了不到 60 平方千米；2008 年又超过了 90 平方千米，2014 年又跌到了不足 60 平方千米；2016 年涨到了 100 多平方千米，而 2021 年又锐减到 60 多平方千米。感觉湖面像一只"气球"，增减随意性很大，这让普通人很难理解。其实，这并非巴里坤湖自作主张的行为，气候变化是一方面原因，人类活动是另一方面原因。

作为盐湖，自然会有比较多的芒硝矿。1996 年为了增加芒硝矿的产量，当地在巴里坤湖中心修建了一个土坝，将巴里坤湖分成东、西两个湖，造成水域面积急速下降；此外，当地还将大面积的草场开发成耕地，在巴里坤湖的输入河流域修建水库进行截流，并大量抽取地下水，这些使得最终汇入巴里坤湖的地表、地下水补给大量减少，湖面不断缩减。

可是，这期间巴里坤湖的湖面面积突然增大又怎么解释呢？其实这也是气候和人类共同作用的结果。2008 年夏季，因为气温快速升高，周边山脉的冰川和积雪迅速消融，河流水量大幅增长，泄洪不断涌入巴里坤湖，它的面积一下就增加了很多。在接下来的两年里，冰雪消融力度缩减，上游又加大了开垦耕地的力度，水面迅速下降。而 2015 年，为了保护巴里坤湖，当地出台了治理方案，关停了湖旁的芒硝矿，清除了人工土坝，所以湖水面积在 2016 年暴增至 100 多平方千米……这就是巴里坤湖的湖面如"气球"般来回伸缩的原因。

不过，要是从历史上说起巴里坤湖的面积，恐怕是一个惊人的数据。清代徐松所著《西域水道记》中记录，巴里坤湖有 4 条源流流入，东南源为招摩多河，东源为三道河，南源为奎苏水，西南源为西黑沟水。如果把这个叙述与现代地图对照，会发现湖泊面积和位置均有较大变化。《中国新疆河湖全书》中写道，古代巴里坤湖东部湖面曾延伸至现在的石人子乡高家湖村附近，现在已经西移了 30 多千米，但如今在东部依然可以看到高家湖村大面积的盐生草甸。考古和地质学家由此推算，古代巴里坤湖的水面面积近 1000 平方千米。清朝诗人史善长在《蒲类海》中写道："滟滟溶溶波一片，寸苇纤鳞都不见。围三百里磨青铜，历万千年澄匹练。"他在流放新疆的途中看到了如三百里铜镜一般大小的"蒲类海"，这是怎样的一个概念？大家可以自行脑补一下那个画面。

巴里坤湖周边在汉代时被称为"蒲类国"，《后汉书》记载："蒲类国，居天山西疏榆谷……庐帐而居，逐水草，颇知田作。有牛、马、骆驼、羊畜。能作弓矢。国出好马。"到了唐代，古丝绸之路增加北新道，途经蒲类海，沿天山北麓经伊犁前往咸海。当时的蒲类国是丝绸之路北新道的重要驿站，多少人来车往见证了这里的兴衰发展，也见证了如一面铜镜

◎秋季远眺巴里坤湖　刘瑛摄

般镶嵌在巴里坤盆地之中"迷离蜃市罩山峦"的蒲
类海的变迁。清朝雍正七年（1729 年），清政府在巴里
坤湖东部建起了镇西府城，即现今巴里坤哈萨克自治
县的前身，并使其成为历史上有名的"八大名城"之一。

　　别看巴里坤湖的湖水透明无色，映衬着蓝天白
云显得格外通透，其实又咸又苦，完全无法食用。巴
里坤湖以湖表卤水为主，晶间卤水、淤泥卤水为辅，
走近了会闻到一股刺鼻的异味，让眼前的美景大打

◎巴里坤古城的清代粮仓故址　刘瑛 摄

◎重修后的巴里坤古城已成为旅游景点　刘瑛 摄

折扣，颇有点"只可远观"的意味。科学家们经过调查和分析发现，这里的固体盐类沉积资源以芒硝为主，纯度高、质量好且分布面积约有 100 平方千米，储量数亿吨，当地利用芒硝资源已生产风化硝、元明粉、硫化碱等系列产品。当然，芒硝矿也一度让美丽的巴里坤湖面临生存危机，好在进行了积极的治理，让湖光山色和矿产开发不再成为彼此的"绊脚石"。

我几次前往巴里坤湖，都被美景所迷惑，没有去关注湖畔沼泽中的鸟类。某次无意间饭后散步，我居然遇到了一直心心念念想看个究竟的蓑羽鹤，而且看到了一群。只有 90 厘米左右高的蓑羽鹤是鹤类中体型最小的种类。它颈侧的黑色羽毛下垂，像披针一样散落在胸前，好像穿了一件蓑衣。我看它们两两成对地在湖边遛弯，那么多只鸟聚在一起，居然一点儿也不吵，在夕阳下舞姿优美地扇动着翅膀，颇有几份仙气。科学家利用卫星跟踪其迁徙路径，发现不少经过新疆的蓑羽鹤每年都要穿越"死亡之海"塔克拉玛干沙漠，然后飞越"世界屋脊"喜马拉雅山，在人们眼中，这简直是在挑战各种不可能。

尽管巴里坤湖是我国四大盐湖之一，但在古代，它并不以盐湖著称，而是以战场闻名。据史料记载，"后将军赵觅国为蒲类将军……蒲类将军兵当与乌孙合击匈奴蒲类泽……"（《汉书·匈奴传》）"固、忠至天山，击呼衍王，斩首千余级。呼衍王走，追至蒲类海。"（《后汉书·窦国传》）"（永平）十六年，奉车

◎成群的蓑羽鹤在巴里坤湖湿地渡过繁殖季　范书财 摄

◎蓑羽鹤在觅食　范书财 摄

都尉窦固出击匈奴，以（班）超为假司马，将兵别击伊吾，战于蒲类海。"（《后汉书·班超传》）"桓帝元嘉元年，呼衍王将三千余骑寇伊吾，伊吾司马毛恺遣吏兵五百人，于蒲类海东与呼衍王战……"（《后汉书·西域传》）……

原来，这一池碧水从来都不曾岁月静好。在迷离山水中，在古道西风中，那些马嘶刀影的征战，人来人往的迁移，从来都没有停歇。它不过是见证者，见证着人类历史古往今来的变迁，也见证着自身的地质变迁。

曾见证了丝绸之路北新道繁荣景象的沙尔湖，已是个干涸的湖泊，如今以巨厚的煤层闻名于世，它用湖盆记载了沧海桑田的历史演变。

◎干涸的沙尔湖，成了风沙肆虐的场所　申佳霖 摄

　　沙尔湖像个传奇，作为一个湖，很少有人提起它湖水的浩渺，大多数人听到这个名字的第一反应不是湖水，而是巨型煤田的代名词。在既往的资料里，也很少提起沙尔湖的湖水，只有清代乾隆年间《西域图志》中记载，阿萨尔图"南有泽，名沙拉淖尔"，这是首次在文献上明确沙尔湖曾经有水。不知是因为它干涸得太久了，还是相对于湖周丰富的矿藏，让人们选择性忽略了沙尔湖的生态变迁。

　　但不论人们是否忽略，无法否认的史实是：哈密是丝绸之路北新道的交通要冲，连通阳关和高昌，

史称"五船道"。途经沙尔湖从哈密前往吐鲁番（高昌）的交通道路，曾一度是丝绸之路的主要道路，唐玄奘法师西天取经，就是从五堡经沙尔湖去的高昌。这条路能够持续数百年被使用，可想而知，相对良好的水草条件是重要的环境基础保障。也就是说，这里曾经湖水荡漾、水草丰茂、车来人往，显现过一派繁华的景象。而此时，那景象注定只能风一般穿过人们的记忆，定格在历史的画卷中。

沙尔湖（Sha'er Lake），又名"疏纳诺尔湖""沙拉淖尔"，湖心地理坐标为东经 92°10'，北纬 42°40'，位于哈密市南湖戈壁腹地，现在是一个干涸的湖盆。

其实，它的干涸是令人费解的，因为沙尔湖所在位置是哈密盆地的最低点，海拔最低点为 53 米，是新疆的第二低地。因为地势低，历史上发源于北部巴里坤山、喀尔里克山南坡的所有大河都可流入沙尔湖。按照这个推断，发源于巴里坤山南麓的白杨沟、柳树沟、头道沟、乃人沟、葫芦沟及南山口河等 15 条河流，以及发源于喀尔里克山南麓的 6 条河流，其最终的归宿都应该是沙尔湖。如此多的汇入径流，最后竟只留下一个干涸的湖盆，让人唏嘘不已。

它的干涸，有地质和气候的作用，更是人类活动的结果。随着哈密盆地水资源的开发利用，大多数河在流出山口后就立即被引用，加上渗漏、蒸发、渗入地下，实际上能到达沙尔湖的水少之又少。据《中国新疆河湖全书》记录在 20 世纪 50 年代绘制的十万

分之一的地形图上，标明了的沙尔湖湖面大小为 2～3
平方千米，并延伸出一条宽 1 千米、长 16 千米左右
的湿地廊道。新疆地理学家胡汝骥先生曾跟我提起
过沙尔湖，1959—1961 年，他曾多次在哈密进行实地
调查，当时不仅见到了那一池碧水，还见到过沿湖岸
铺展开的农田，一派湖光水色、鸡犬相闻的田园风光。

　　新疆的水利工作者在实地调查中发现，至今沙
尔湖湖盆东侧还是一条深沟，是库如克果勒河末端
的遗迹；进入沟底，两边河水冲刷出的峭壁上可以清
楚地看到各个时期湖底演变的情况，这遗迹恰似一
本书，记载了沙尔湖沧海桑田的历史演变过程。

◎如今沙尔湖的湖底　范书财 摄

　　说到了沙尔湖，就不得不提起沙尔湖周边的雅丹地貌，它隶属于中国四大魔鬼城之一的哈密魔鬼城。哈密的雅丹地貌，东起烟墩外的骆驼峰，经雅满苏铁矿、大南湖煤矿，到五堡沙尔湖、十三间房等，长约 400 千米，宽 5 ~ 10 千米，可谓又大、又奇、又险。"雅丹"一词源于维吾尔语，但现在已经成为国际通用的地理名称。雅丹地貌的形成，来自地质运动和风力的长期侵蚀，将松散的水平岩层剥蚀成姿态万千的地貌景观。

　　在沙尔湖附近的雅丹地貌，会让你恍然以为这里曾是一个巨大的城郭，里面的雅丹形态有城堡、有

◎鄯善戈壁上奇怪的圆石头　范书财 摄

殿堂、有塔林、有蒙古包、有金字塔，感觉各种形态的"建筑"琳琅满目。当然，这是在风和日丽的情况下。若是偶遇狂风沙尘天，就要准备好接受被狂风裹挟的飞沙砾石的袭击，还要聆听鬼哭狼嚎般让人毛骨悚然的风声。人们常说"风声雨声读书声，声声入耳"，如果是换作这里的风声，恐怕入的不仅是耳，更是会入脑入心入梦，让人不寒而栗。

让人更为困惑的是，考古学家在五堡乡以西 27 千米的一片雅丹地貌岩丘中，发现了一处背依雅丹而建的古城堡遗址，即"艾斯克夏尔遗址"。据推测，城堡年代自青铜器时代始，至清朝都在使用，古城堡内已清理出来的古墓群有 110 余座，出土多具干尸等文物。这个古城堡是什么时候弃用的？会不会跟沙尔湖的干涸相关？都已无从考证。而人们远远望去，会发现古城堡和雅丹地貌融为一体，根本无法区分。

◎如城墙般的风蚀地貌　申佳霖 摄

这也是沙尔湖周围一处令人叹为观止的景观。

人们在如今沙尔湖干涸的湖底中，已见不到什么植物了，只有满眼的黄沙和砾石。但在距离湖东不远的一个断层里，可以见到大量硅化木。硅化木就是木化石，是几百万年前或更早以前的树木被迅速埋入地下后，地下水中的二氧化硅渗入树干形成的。它保留了树木的木质结构和纹理，可以揭示古植物特征和古地理环境。如果说新疆是硅化木的盛产区，那么拥有大量硅化木的哈密盆地就是其中的翘楚。沙尔湖边的那片硅化木只是一个缩影。

不论是奇特的雅丹地貌，还是成片的硅化木，抑或是沙尔湖湖盆遗迹，都在反复向人们印证，整个哈密盆地从古生代至今，其地质构造经历了由海盆—湖盆—陆盆的演变发展过程。《中国新疆河湖全书》中记载，这里曾是一片汪洋大海，在距今约2.85亿年，海水开始退出吐哈盆地；2.6亿～1.95亿年前，沙尔湖一带成为吐哈盆地中面积最大的深水湖。当时，喜马拉雅山尚未形成，受南部特提斯古海风的影响，这里的气候温暖而湿润，生物茂盛。在侏罗纪时期，随着湖水的缩小，哈密盆地西部和南部是茂密的森林。大约在距今1.5亿年前，由于地壳运动，高大的树木被泥沙河水淹没，大部分树木、植物变成了煤，少数树木由于含矿物质的水渗入树干，形成了质地坚硬的硅化木。

除了硅化木，沙尔湖还是新疆大漠奇石的主要

产地，风凌石、碧玉、火山岩泥石、玛瑙、海底石等
一应俱全，是奇石爱好者的天堂。每逢节假日，你
会在这里见到热火朝天的"捡石大军"，尽管很多时
候戈壁上的地表温度为 40～50 摄氏度，依然不能阻
挡人们对大漠奇石的渴求。看着人来人往，恍然间，
你以为穿越了历史的长河，那个丝绸之路上车水马
龙、熙来攘往的沙尔湖又复苏了。但只一转眼，干
涸的沙尔湖像一个巨大的伤疤冲击着你的视觉，风
沙用一种低沉的声音拂过你的耳边，逝者如斯夫……

◎挖掘机在沙尔湖煤矿采挖　范书财 摄

◎沙尔湖区干涸的景象　申住霖 摄

海拔 –154.31 米的艾丁湖，是世界第二低地。它从一个碧波荡漾的巨型淡水湖演变成标准咸水湖的过程，是一部气候环境变化的纪录史。

　　早春的风，刚刚开始在低矮的山坡上与黑鳞顶冰花明黄色的花朵纠缠，艾丁湖的水面就开始活泛起来。其实，一个冬天，它也并未干涸或冻结，但随着春风的吹拂，你便能感觉出那扑面而来的生机和活力。

　　艾丁湖（Aydingkol Lake），位于吐鲁番盆地最低处，海拔 –154.31 米，是仅次于约旦死海的世界第二低地。"艾丁"的维吾尔语意为"月光"，因湖中结

◎小小一汪水的艾丁湖，依然是游客们喜欢光顾的景区　申佳霖 摄

晶盐的晶莹洁白而得名；又因位于觉洛塔格山北麓，所以古代称其为"觉洛浣"。在近 100 年时间里，三次干涸又三次复活的艾丁湖，此时的湖面已经小到可以一眼望穿的地步，让人们恍然以为，这就是一洼水塘，与壮观二字毫不沾边。以至于让人怀疑，如此一个不起眼的小水洼，何以担得起月光湖的名头。

但你不知，在你沿途而来的路上，那满目微闪着银光的茫茫荒野，都曾是它的湖底。那裸露着的、像大地褶皱一般银白色的盐结晶，才是它湖水充盈时曾有的模样。每至深夜，盐结晶在荒野孤月的掩映之下，如一面巨湖之上洒满了清冷的银色月光。

在地面上还将醒未醒的早春，艾丁湖周围地下暗渠里已开始流水汩汩，仿佛从远古的地下唤醒冬眠的万物。那是来自天山山脉融化的雪水，它渗入地下，沿着迷宫一般错综复杂的地下径流的脉络，缓缓向艾丁湖汇聚。海拔低至 −154.31 米的艾丁湖，是整个吐鲁番盆地水系的最终归宿地，是无法逆转奔流走向的最终目的地。

低海拔一直是艾丁湖进入人们视野最显著的特征，或者说是"湖设"。每次世界最高峰珠穆朗玛峰的高度被重新测定的时候，艾丁湖国内海拔最低就会被拿出来做对比。而事实上，艾丁湖的独特，不只有"低海拔"这么简单直白。科学家根据艾丁湖周围大量更新世时淡水湖泊的沉积物和螺类化石推测，200 万年以前，艾丁湖还是一个巨大的淡水湖。

在过去的几百万年时间里，因为气候变化、地质结构改变、水土流失和荒漠化等影响，艾丁湖从一个浩瀚磅礴、碧波荡漾的巨型淡水湖，演变成如今这个卤水资源和固体盐类沉积资源富足的标准咸水湖，它的变化过程就是一部气候环境变化的纪录史，每一帧画面都展示着大自然的威力。

新疆地理学家胡汝骥在他的专著《中国天山自然地理》中写道："艾丁湖形成于 2.49 亿年前喜马拉雅山造山运动时期，面积曾经很大。"清宣统元年（1909 年）绘制的吐蕃厅图中，显示艾丁湖水面面积为 230 平方千米；20 世纪 40 年代的记录则显示，艾丁湖东西长约 40 千米，南北最宽约 8 千米，而且湖的周边有极为广阔的盐光板地和盐沼泽连成一片，总面积约 152 平方千米。

考古学家还在艾丁湖的周围，发现了一些文物古迹，顺便证明了有史以来湖水面积的浩瀚。据考古学家考证，有一处新石器遗址在湖周海拔 –37 米处，一处汉代烽火台位于湖周海拔 –141 米处，而有一处唐代烽火台，则位于湖周海拔 –150 米。专家根据这些遗迹的位置分析，艾丁湖的古湖盆，基本是在海拔 –100 米，而其面积则可能有 450 平方千米之大。通过对汉唐时位于艾丁湖边的烽火台的分析，汉唐时艾丁湖也有约 300 平方千米的湖水面积，这些记载和如今我们一眼望穿的小水洼之间，形成了巨大的对比。

满月渐渐浮现在天边，站在已干涸的湖盆里，燥热的风突然凉意四起，让人有些恍然，这曾经烟波浩渺的湖泊，怎就只剩了这不起眼的一洼水塘，还得靠岸边的石碑标识，才认得这里是著名的艾丁湖。夜凉如水的感觉扑面而来，留存着某种隐隐然的悲伤，很多湖泊的干涸是人类无法扭转的变迁。既然无法彻底扭转，不如趁着此时，阅尽其美，留一抹记忆在脑海中。

经过多年梳理，地理学家找到了艾丁湖水源补给的线索：它所获取的地表水主要来自发源于天格尔山东南麓的阿拉沟河；而给予它补给的地下径流，则多来自吐鲁番盆地北部、东北部博格达山南坡众多河流转化的地下水，这些河流在下游以平原泉水的方式补给着艾丁湖。艾丁湖水面三次干涸又三次恢复，与这些地上地下径流的丰枯变化有着极为密切的关系。而这些水源的丰枯变化，不仅因气候而改变，人类的引流灌溉也有着不可忽略的作用。

在艾丁湖东、北、西三边，你会不经意看到一个个似乎有着某种规律的土包，矮矮的，不起眼却总能让人不由自主地关注到。这就是被称为"地下长城"的坎儿井，那些土包正是坎儿井竖井的井口。有着千百年历史的坎儿井，与都江堰、灵渠并称为"中国古代三大水利工程"。作为我国重要的农业文化遗产，坎儿井时至今日仍在发挥作用，是围绕在艾丁湖周边一直延续至今的农业灌溉系统的重要组成部分。

相较于地表径流，艾丁湖周围的地下水资源更为丰富，坎儿井事实上是通过人工挖掘，不用任何动力将地下水引出地表的一种水利工程。坎儿井由竖井、暗渠、明渠、出水口和涝坝组成，巧妙地利用了天山与吐鲁番盆地的高差以及戈壁地质条件进行开掘，自然引流，体现了人与自然的和谐。只不过，通往农业灌溉区的水多了，地下径流补给艾丁湖的水自然就少了。

尽管主湖区已经成了一洼水塘，但其美丽依然不可掩盖。丰水季节，湖边的芦苇随风荡漾，湖水泛着浅绿色的褶皱，一层层向湖边泛白的盐层涌去，湖里偶尔可以看见小鱼，隐约露出青色的背脊线。不远处，红隼、鸢在湖面上展翅盘旋，偶尔贴湖而飞，从芦苇丛中抓出野兔、老鼠之类的"口粮"，心满意足地飞走了。

你会不经意间遇见几只白鹭，它们互不干扰、形态恣意地在湖边涉水漫步，偶尔昂起头，眼神漠然，仿佛周遭的一切都与它们无关。青灰色的天空、并不清澈的湖水、迎着夕阳微微摇摆的苇花、身影孤冷的白鹭，像宋徽宗笔下的水墨画，静美而怡然，一派"白鹭下秋水，孤飞如坠霜"的景象。但这宁静常常会因为一群野鸭的到来而被打破，它们不知从哪里突然就冲入湖中，成群结队地游弋、嬉戏。野鸭一贯喜欢热热闹闹、鸣叫欢腾的群居生活。这和白鹭顾长优美踽踽独行的样子形成强烈反差，倒使得艾丁湖的画面显得不那么单一枯燥了。而你，恍然间仿佛看见了千百年前艾丁湖碧波荡漾的模样。

事实上，眼前的水域只是艾丁湖最小的组成部分，《中国新疆河湖全书》中记载，完整的艾丁湖由三部分组成，湖滨为湖积平原，宽 500～1000 米，这一圈内含有大量盐类，由于强烈蒸发，形成了坚硬的地表盐壳地，汽车可以轻松地在上面行驶而盐壳不碎裂；中间大部分是盐沼泽，下面是淤泥，有柽柳、盐穗木等盐生植物生存；湖心则是晶莹洁白的盐晶。第三次新疆综合科学考察的数据显示，由于湖周地

◎一个个小土包，就是坎儿井竖井的井口　吾普尔 摄

下水带来的土壤盐分较高，又经过干旱气候的强烈
蒸发和浓缩，艾丁湖的湖水矿化度已高达 210 克 / 升，
成为中国矿化度最高的湖泊之一。

　　因为这种独特的地理生态环境，除了生动有趣
的鸟类之外，艾丁湖还是盐生植物的乐园，科考队员
在湖周发现了大量的盐穗木、盐节木、盐爪爪、盐
地柽柳、花花柴、骆驼刺等盐生植物，在这里形成了
一道独特的植物景观。顾名思义，盐生植物是指生
长在盐含量较高的土壤中的植物，又称"盐土植物"。
土壤中含有大量的可溶性盐对于大多数植物来说是
有害的，通常土壤中含有 0.05% 的盐时，许多植物
就已无法生存了，但盐生植物可以在含盐量为 3% ~
4% 的土壤中生长。而在艾丁湖旁茁壮成长的盐生植
物，其含盐量更是高得惊人。

◎艾丁湖里优雅的白鹭　申佳霖 摄

艾丁湖边最容易找到的就是盐穗木，这种蛋白质含量与苜蓿相近的盐生植物，是干旱区的一种优质牧草，它可以在含盐量高达10%的土壤里正常生根发芽。所以，艾丁湖周围的土地便是它的乐土，一簇簇灌木状的盐穗木分布在湖区周围，为那茫茫荒滩点缀上丝丝绿意。每到春季，盐穗木蓝绿色的肉质小枝，就成了羊群、牛群的美食，而到了夏季，因为盐穗木体内含盐量太高，被牛羊嫌弃而远离，它便可以不受干扰地茁壮成长一段时间。除了盐穗木，在4月底，你会在艾丁湖周围看到骆驼刺玫红色的花枝，而到了6月初，你还能在湖边看到绽放粉色花朵的多枝柽柳。

这样充满生机的画面，很容易让人忘记艾丁湖不远处就是茫茫荒漠。但那荒漠确实存在，那里除了干涸的湖底盐层，就是满眼灰黄的土地，会让人

◎秋色中浅浅的一汪艾丁湖，成了鸟类的乐园　申佳霖 摄

◎盐角草（*Salicornia europaea*）段士民 摄

◎盐生草(*Halogeton glomeratus*)
段士民 摄

不禁思考，居然是在这样的荒芜之中，孕育了世界
上最古老的绿洲之一——吐鲁番绿洲。

艾丁湖地处极干旱的大陆性荒漠气候区，干燥
炎热到让人感觉土地会随时燃起熊熊地火，而你我
有可能瞬间化作一缕青烟。盛夏时节，艾丁湖的地
表温度会达到 70 摄氏度，这不是什么特殊情况，不
过是它的日常。在巨大的湖床上顶着烈日前行的人，
偶尔会突发奇想：是不是因为极度干旱，这一带才会
经常出现海市蜃楼？

海市蜃楼可遇而不可求，但雅丹却真实存在。
干热的气候，造就了离湖区不远处独特的雅丹地貌，这些形状奇特的雅丹，是由土状沉积物在风力侵蚀搬运和流水作用下形成的。沉积于宽阔河谷内特殊的黄土丘造型，组成了绵延数十千米的众多怪异"建筑群"，千姿百态、无奇不有，被誉为风蚀地貌的自然博物馆。

虽然变成了一洼咸水湖，艾丁湖依然没有成为一个"柴废"，它依托丰富的盐资源，为工业领域输送着源源不断的卤水和固体盐类沉积资源，比如晶间卤水、石盐、芒硝和无水芒硝等原料，由此而生产出大量的精制盐、工业用盐、粉精盐、加碘盐、原硝、硫化碱等化工产品，源源不断地销往国内外。

曾经，浩瀚无边的艾丁湖折射着远古月亮的光芒，犹如一面巨大的明镜，映射着湖周别样的生机和景致。如今，这明镜已不断萎缩，时隐时现，而周遭那泛着淡淡银色的干涸湖床，夜色中白鹭形单影只的舞姿，一切都在无声中散发出伤痛，留下一曲"湖水去欲尽，落月不复斜"的悲伤曲调，它还是远古歌谣中的月光湖吗？

## 02

北疆遗海泪

冬捕的"祭湖·醒网"和全球重要候鸟迁徙路线节点，让乌伦古湖在水天一色中，实现了飞鸟与鱼的时空重叠，共同缔造了奇幻之景。

◎夕阳下的乌伦古湖格外迷人，人们潜入湖中"摸鱼"

◎凤头麦鸡在湖边觅食　申佳霖 摄

　　"世界上最遥远的距离，不是瞬间便无处寻觅，而是尚未相遇，便注定无法相聚；世界上最遥远的距离，是鱼与飞鸟的距离，一个翱翔天际，一个却深潜海底……"泰戈尔的这首《飞鸟与鱼》传世已久，某些时候，相比于爱情诗，我更愿意认为它是一首充满哲理的诗。飞鸟与鱼，彼此的距离，是不是世间最远的距离？抑或，它们是彼此生命中最必要的存在？这是我在乌伦古湖畔，望着远处鸟影蹁跹映衬下的如血残阳，生出的一点困惑……

　　曾有过不经意的偶遇，我对乌伦古湖的印象，不是湖面的波澜壮阔，而是那湖边密布着的各种鸟类；时间流转蜿蜒，我听到乌伦古湖的传说，不是湖水的多姿丰盈，而是每年冬捕节的"祭湖·醒网"。是的，但凡与之相关，便离不开飞鸟与鱼，这已是乌伦古湖在人们记忆中最深刻的烙印。

　　位于准噶尔盆地北部，地理位置为东经 87°01' ~ 87°34'，北纬 47°01' ~ 47°25' 的乌伦古湖（Wulungu Lake），又叫"布伦托海"，"布伦托"有"灌木丛生"的含义。在清朝的《西域水道记》中，乌伦古湖被称为"噶勒扎尔巴什淖尔"，是乌伦古河的尾闾湖。说它是乌伦古河的尾闾湖，其实它依赖多条河流及湖周地下水的水量补给。湖泊西部、发源于萨吾尔山北麓及东麓的诸条河流，都有水量注入乌伦古湖，比如喀尔交河、布尔克斯台河和乌特布拉克河等。如此丰沛的河水注入，自然使得乌伦古湖成为干旱区水面巨大的湖泊，一度被人们称为"大海子"。

　　说是大海子其实一点儿也不夸张，站在乌伦古湖畔的黄金海岸，会看到巨大的水面向远处延伸，没有山体阻隔视线。遇到晴天，水天一色浑然天成，已然看不到对岸，有种烟波浩渺的既视感。在干旱区的荒漠地带，突然看见这样一面湖水，多少是令人震撼的。而在湖畔的沙滩上，立着几个热带海滩常有的苇草凉亭，恍然感觉自己是站在了某个岛屿上，眼前是波澜壮阔的太平洋。

◎透过岩滩看乌伦古湖　范书财 摄

　　地质学家发现，乌伦古湖是第四纪晚期形成的
拗陷湖，形似直角三角形，直角两边为陡岸，斜边湖
岸稍缓。乌伦古湖的水位及湖面面积是随进湖水量的
大小而变化的。第三次新疆综合科学考察调取的水文
资料显示，1957 年以前，湖面高程 484 米，水面面
积 864 平方千米。而 1959 年以后，乌伦古河中游农
业用地大面积开垦，河水被大量引入灌区和蓄于水
库，入湖水量大大减少。到了 1970 年，湖水水位已
降至 481.8 米，湖面面积减少至 838 平方千米。曾经
有一段时间，湖面面积仅有 730 平方千米。尽管这样，
乌伦古湖仍然不失为干旱荒漠区的一面巨湖，承托

着无数新疆人关于广阔水域的期许。令人振奋的是，近年来在综合治理的修复下，湖面得到了很好的恢复，科研人员在 2020 年测得的数据显示，乌伦古湖的水面面积达到了 895.38 平方千米。

然而，不论它的水面之大多么震撼人心，人们内心深处，还是更关注生活在乌伦古湖的飞鸟与鱼。

乌伦古湖的天然湿地，是全球候鸟迁徙路线第三条线上的重要节点。所以很自然的，乌伦古湖成了飞鸟的天堂，更确切地说，乌伦古湖周边的湿地是各类水禽、涉禽的栖息地和繁殖地。你可以看见在苇丛和低矮灌丛中，姿态各异、悠然自得的鸬鹚、苍鹭、黑鹳；也可以看到湖水中游弋着的赤麻鸭、斑头秋沙鸭；偶尔还能看到头戴凤冠、身披彩衣、脚登红靴、举止优雅的凤头麦鸡；或者目睹体态精巧的红脚鹬、黑翅长脚鹬、灰瓣蹼鹬等在岸边的泥泞和植物枝杈上灵活地跳来跳去。因为是繁殖地，鸟爸爸、鸟妈妈带着一队小鸟在湿地小面积的水域内戏水、捕食小鱼的场景，常常让映入眼帘的画面充满了温情。

与其说这里是飞鸟的天堂，倒不如说飞鸟是这里的底色。很难想象没有飞鸟的乌伦古湖会是一幅怎样的画卷，我想那一定是缺少了灵性和生命张力的水域。那些婆娑的低矮灌木，那些随风摇曳的芦苇，如果没有飞鸟的点缀，该是怎样的孤独和枯燥？

然而，在众多栖息于此的鸟类里，白头硬尾鸭格外引人关注。它游水时，常把尾部高高翘起。在每年 4—8 月的繁殖期内，雄性白头硬尾鸭的喙部会从暗褐色变成亮蓝色，且变得膨大。待发情期过后，喙部的蓝色褪去，恢复成暗褐色。那是一种非常醒目张扬且夸张的蓝色，让你恍然觉得，水里游着的是不小心从动画片里跑出来的鸭子。看着一大群蓝嘴巴的鸭子在湖里划水，在苇丛中恋爱，那画面别有一番生机盎然的情趣。

外形独特的白头硬尾鸭不仅是动画人物"唐老鸭"的原型，更是被列为《世界自然保护联盟濒危物种红色名录》里的濒危鸟类，全球数量为 7000 ～ 13100 只，主要分布在西班牙、俄罗斯、土耳其、伊

◎湖畔的一个个小"岛"，成了众鸟的乐园

◎白头硬尾鸭　申佳霖 摄

朗、蒙古等国，在中国仅在新疆有繁殖，每年数量有限，不过几十只。从 2007 年起，在乌伦古湖周边就不断有白头硬尾鸭栖息的记录。2020 年 4 月，人们在乌伦古湖畔一次性观察到 160 余只白头硬尾鸭集群的壮观场景，这是该物种在中国境内观测到的最大规模的种群记录。显然，蓝嘴巴的白头硬尾鸭已深深迷恋上了乌伦古湖的迷人景致。

飞鸟如此繁盛，似乎也是因为这里的鱼儿足够丰饶。乌伦古湖素以鲜美的"福海鱼"著称，其产鱼量占新疆产鱼总量的 1/3 以上。湖中盛产河鲈、贝加尔雅罗鱼、湖拟鲤、东方欧鳊、梭鲈、粘鲂、白斑狗鱼等多种天然野生鱼类。关于乌伦古湖的鱼儿，元代刘郁在其《西使记》中记载："龙骨河西注，潴为海，约千余里，曰乞则里八寺。多鱼，可食。有碾磴，亦以水激之。"可见，这里的鱼盛名已久。只不过，相对于神仙般湖边垂钓的优雅，当地人更喜欢凿冰结网、悬赏"头鱼"的彪悍。

乌伦古湖的湖水一般 10 月下旬开始结冰，11 月中旬便全面封冻，封冻的冰厚度可达 1 米左右。全年最寒冷的四九时节，是乌伦古湖冬捕最热闹的时候。因其鱼类资源丰饶，也因其冬季气温极寒，这里是新疆每年冬捕开网的主要区域，冬捕节上的"祭湖·醒网"仪式是当地渔猎文化的重要内容之一，已然成为漫长寒冷冬季乌伦古湖上一道独特的风景。

冒着零下二十几摄氏度的低温，渔民在"鱼把头"的带领下，凿冰开眼、下网、穿杆，并进行冰下水线传递。在我们看来困难且烦琐的工序，对渔民而言就是小菜一碟，他们早已驾轻就熟。用铺天盖地来形容这张网似乎并不过分，毕竟冬捕的渔网长达两千米，需要绞网机的牵引，并配合几十位渔民的协作才能被缓缓拉出。一次下网就有近万条冷水鱼跃上冰封的湖面。选出"头鱼"之后，其余大鱼被依次装车，而小鱼将放入放生孔中，让其重返冰下。20 世纪 70 年代，乌伦古湖一网曾打出过 83 吨鱼。而现在，一网能打出 5 吨鱼，渔民就觉得今年收成不错。

飞鸟与鱼，在乌伦古湖的水天一色中，实现了

◎拉网后飞起的鱼　申佳霖 摄

时空的重叠，它们相爱相杀，共同缔造着大自然的美丽和奇幻。而这里，风仿佛用另一种方式，反复吟诵着泰戈尔的《飞鸟与鱼》："世界上最遥远的距离，不是树枝无法相依，而是相互瞭望的星星，却没有交汇的轨迹；世界上最遥远的距离，不是星星没有交汇的轨迹，而是纵然轨迹交汇，却在转瞬间无处寻觅……"

被誉为"中国死海"的达坂城东盐湖，与约旦死海在湖水矿物质种类、浓度、密度等方面都在同级别上，是人们过一把"漂浮瘾"的绝好去处。

◎晨曦中，盐滩如泥，但天亮之后，又是雪白一片　秦梅花 摄

　　"天空之镜"是近年来网络上的热门词汇，我一直不太明白其意，直到有一天，看到朋友圈有一组青海茶卡盐湖的照片，才恍然大悟，所谓"天空之镜"，就是盐湖湖面结成的白色盐结晶倒映出云影天色，形成水天一线的景致，这跟我们经常路过达坂

城盐湖时看到的景色别无二致啊！

因湖水富含盐分而得名的达坂城盐湖（Yan Lake），被喻为"中国死海"，湖泊面积约 37 平方千米，水面高程 1070 米左右。早在 17 世纪，就有居民在此采挖食盐，而官方管理及开采食盐至今也有 100 多年的历史。因为地属乌鲁木齐市郊，达坂城盐湖是重要的食盐及工业用盐供应基地，在新疆诸多的盐湖中有着重要地位。之所以被称为"中国死海"，是因为达坂城盐湖的湖水与约旦死海在矿物质种类、浓度、湖水密度等方面相比，都在同级别上。

既然是"中国死海"，人们就不会放过在其中过一把"漂浮瘾"的机会，人们抱着"死海太远，盐湖很近，漂浮不过是一种状态，何不让它唾手可得"的心态蜂拥而至，夏季的每个周末，达坂城盐湖都游客满满，湖区大多是来玩"盐湖漂浮"的人们。

初到达坂城盐湖，会有种来到旷野仙境的感觉，除了盐湖常见的水天一色的景致之外，抬眼便能目及远处的雪山和旷野之中一排排闪着银光向你招手的风力发电机。而湖边几米之内，一片片云朵般白花花的盐结晶冲击着你的视觉神经，精美的盐花千姿百态，让你恍惚中感觉是天上的云彩落入凡尘，在你的脚下变幻多姿。赤脚踩在沙盐上，会发出咯吱咯吱的响声，还没等你听仔细，那声音就被周边的湖风吹跑了，传向远方的旷野。

环湖而行，你会发现湖岸有一圈圈银白色的盐

◎厚厚的盐层，乍一看以为是雪景　秦梅花 摄

◎环湖的盐壳　秦梅花 摄

带，在阳光的映射下，像层层美丽的银色项圈，为达坂城盐湖镶了一条条银边。这些银色项圈是溶解于水体中的各种盐类，因溶解度不同，在发生沉淀的过程中逐步按照溶解度顺序沉淀而产生的自然现象，各种盐类沉积物都有明显的环带状分布规律，因此也就圈圈层层地为盐湖戴上了项圈。

　　曾被当地人称为"神秘之湖"。之所以认为其"神秘"，就是因为古代当地居民不知这里为何会出现一个"咸水湖"，距其不到 24 千米的柴窝堡湖就是一个淡水湖，而这么近的距离，怎么就独独地出现了一个

◎湖中长出的盐柱

饱含盐分的湖泊来？解释不清楚来源，就只能用"神秘"来注解。

其实，盐湖是咸水湖的一种，主要指湖水矿化度大于 35 克 / 升的咸水湖。达坂城盐湖形成于 1 万年前，入湖水量主要来自湖周小河地表水和地下水补给，它正好处在达坂城风区极度干旱气候条件下的地势较低的区域，封闭的地形加上湖泊的蒸发量远远超过湖泊的补给量，湖水不断浓缩，含盐量日渐增加，就形成了达坂城盐湖现在这种高含盐量的状态。而柴窝堡湖周边气候相对温和，水量补给充足，洪水流泻频率高，所以它目前还属于内陆微咸水湖，而非人们概念中的淡水湖。

在干旱区，这种含盐度很高的湖泊并不少见。地理学家经过调查和对比数据发现，中国是世界上盐湖最多的国家之一，中国的盐湖大致处于北纬 30° ~ 50°，该区域被称为中国盐湖带，属于世界著名的亚、非、欧大陆盐湖带的最东缘。但并不是这一区域就适宜出现盐湖，如果气候极度干燥，终年降水稀少，也不利于盐湖的形成。例如在塔克拉玛干沙漠、古尔班通古特沙漠内部，地表无径流产生，就难以形成盐湖，但偶尔会出现季节性的沙湖。在中国盐湖带上，星罗棋布地分布着数以千计的盐湖，而达坂城盐湖不过是一个名不见经传的小型盐湖，只是因为其毗邻兰新铁路线、312 国道和吐乌高等级公路的地理优势，便进入了人们的视野之中。

◎盐浴也是一种时尚，巨大的浴盆直接放进了盐湖里　秦梅花 摄

在大多数情况下，盐湖往往是湖泊发展到老年期的产物，在湖滨和湖底形成了各种不同盐类的沉积矿床。它富集着多种盐类，是重要的矿产资源。科学家通过对达坂城盐湖湖水和盐矿的分析发现，它富含芒硝、石盐和 20 多种微量矿物元素。这里已探明的芒硝储量高达 1.2 亿吨，石盐储量 1200 万吨，现在每年开采原盐 20 万吨，可以为化工、农业、轻工、冶金、建筑和医疗等提供有效原料。

来自中国科学院青海盐湖研究所的科学家认为，

◎达坂城盐湖旁的大风车，在夕阳下成了一道风景

盐湖具有记录自然环境信息的作用，还是地球的"碳沉积池"，大量碳酸盐沉积能在一定程度上延缓与人类有关的温室效应。这些气候及地理方面的隐形效应，为盐湖在人们视野中的闪亮登场奠定了科学的基础，它可不仅是一面迷人的"天空之镜"那么简单。

因为区域内的大风，搅动了湖水区段间的水流，柴窝堡湖在垂直方向上各个深度的水温、矿化度和水流速率呈现惊人的一致性。

◎晨雾中，柴窝堡湖畔的湿地

　　天空近乎透明的蓝色，没有一片云朵的侵扰，
将博格达峰的雪顶映衬得格外清晰明朗；湖边的沼泽
湿地里，高原鳅、鲫鱼自在地穿梭着，感受春的生
机与活力；不远处的牧草逐渐返青，夹杂着金黄色和
淡绿色的草场，在阳光的照射下透出些许暖意和慵
懒。博格达峰脚下的柴窝堡湖，曾经是"古丝绸之路"
的必经之地。偶尔，我会羡慕那些往来于此的行人
和商贾，一路大漠风尘之后，居然能看见这般浓墨
重彩的画面，想必是洗目的最佳驿站。

　　柴窝堡湖（Chaiwopu Lake），地处柴窝堡—达坂

◎湖面不断萎缩，湿地不断扩大　曹秋梅 摄

城盆地内，在乌鲁木齐市达坂城区境内。从空中俯瞰柴窝堡湖，会发现它长得像一枚核桃，坐标正好在柴窝堡盆地中央。在古代神话传说中，柴窝堡湖被喻为"天庭散落的明珠"，从其所处的区位和周边的景色来看，传说似乎也有些许的意境于其中。根据水文记录记载，柴窝堡湖的年均冰封期有 110 天左右，它也是乌鲁木齐市周边最大的天然淡水湖，因其周边区域有水质优良的地下水，它也成为乌鲁木齐市重要的饮用水源地之一，同时也是诸多候鸟的栖息地。

4 月的柴窝堡湖，冰雪开始消融，一群迷路的斑

◎柴窝堡湖畔秋景

头雁已经迫不及待地开始在湖周的湿地里寻觅食物了，它们笨拙地低头啃啄，时不时机警地抬起头来四处张望，肥胖的身躯总让人疑惑，它们是克服了怎样的辛苦劳顿、飞了几千千米赶到这里来选择配偶的？它们偶尔瞅见人影靠近，立刻高声鸣叫，拖着笨拙的身躯一路小跑到沼泽深处。

是的，更多时候它们是用跑的方式躲避陆地上的威胁，相对于飞，跑更加直接简单且节省力气。事实上，斑头雁是世界闻名的能翻越喜马拉雅山的明星候鸟，可以飞到 9000 米左右的高度，这几乎与

7

柴窝堡湖：丝路驿站今尚在？

◎曾经一度成了湿地的柴窝铺湖　曹秋梅 摄

◎柴窝堡湖畔的斑头雁　范书财 摄

71

民航客机一个水平。科学家发现它们的血红蛋白有着极强的亲氧性，能快速与氧分子结合，所以哪怕环境中的氧气稀薄，它们照样能获取足够的氧分子，满足机体新陈代谢和产热的需要。

此刻春光四月，正是斑头雁的交配期，在柴窝堡湖刚刚融化的湖面上，一只雄性斑头雁围绕着一只羽毛顺滑、目光温和的雌雁开始了它的求偶表演：先是转着圈游，缓缓靠近，不断地上下伸缩脖颈，轻微发出鸣叫，温和求爱。待一切成功之后，一双斑头雁就会来到湖畔共同筑巢。

其实柴窝堡湖并非传统意义上斑头雁的途经地或栖息地，但是自 2018 年以来，有那么一小群斑头雁，热衷于在柴窝堡湖短暂栖息，新疆鸟类学家马鸣认为这些斑头雁属于迷鸟。或许是因为这里原本也是一个适宜的鸟类栖息地，在这里栖息繁殖的鸟类多达 205 种，灰鹤、黑翅长脚鹬、白鹡鸰、大白鹭、黑鹳、凤头麦鸡、棕尾鵟、白腰草鹬等都是这里的"常住居民"。一到繁殖季，这里便成了观鸟圣地，空中、水中、沼泽里，处处闻啼鸟，鸟类美妙的求偶声引得人们徘徊许久，期望看看它们都会使出怎样的绝活来喜结良缘、追寻爱情。值得一提的是，柴窝堡湖及其周边是国际鸟盟（BirdLife International）在新疆圈定的重要鸟类和生物多样性地区。

除了繁多的栖息鸟类，柴窝堡湖还是新疆鱼类资源较为丰富的水域，不论是在水中活泼灵动、四

① 湖边栖息的中杓鹬　赵春辉摄
② 黑尾地鸦　赵春辉摄
③ 蓝喉歌鸲飞过芦苇丛　赵春辉摄
④ 中杓鹬在湖边闲庭信步觅食　赵春辉摄
⑤ 出现在湖区湿地的蓝喉歌鸲　赵春辉摄
⑥ 正在孵化小鸟的蓑羽鹤　赵春辉摄

| ① | | |
| ② | ③ | |
| ④ | ⑤ | ⑥ |

处游走的新疆高原鳅、斯氏高原鳅，还是大众常见的鲫鱼、鲤鱼、草鱼，或者有点传奇色彩的麦穗鱼，都在这片水域中过得活色生香，除了要提防鸟类的侵扰，似乎也不再有别的忧虑。

别看如今它这般热闹，几年前，人们曾经在柴窝堡湖找不到"湖"了。这里变成了一片沼泽湿地，有些裸露的地方甚至变成了荒滩。曾经湖水面积30 平方千米的柴窝堡湖，因为城市用水量大增和湖区上游农业灌溉用水的增加，在 2014 年其水面面积降至 0.2 平方千米，湖面几近消失。曾经草丰水美的柴窝堡湖遭遇了有史以来最严重的生态危机。当地在紧急限采 2100 万立方米地下水、对 2.1 万亩湖周耕地进行退耕还湿、关停农用机井等措施的调整下，5 年时间将湖水面积恢复到了 20.9 平方千米。人类对环境的破坏和保护作用，在这场"柴窝堡湖保卫战"中体现得淋漓尽致。

事实上，地理学家在梳理水资源的时候发现，柴窝堡湖的水源并不匮乏。《中国新疆河湖全书》中记载，它形成于中新生代，水量主要由天格尔峰北坡中低山带小河、博格达山南坡部分小河的地表径流、潜水补给，集水面积约 1700 平方千米。入湖河流主要有发源于博格达山南麓的柳树沟、白杨河和三个岔沟。河水流出柳树沟、白杨河和三个岔沟山口后，渗入山前砾质平原区，随后以潜水形式补给柴窝堡湖，而每逢洪水季节，还会有河水直接注入柴窝堡湖。

◎两只黄羊在湖畔打架　赵春辉 摄

　　历史上的柴窝堡湖，不仅是诗人笔下"极目青天日渐高，玉龙盘曲自妖娆；无边绿翠凭羊牧，一马飞歌醉碧宵"的久负盛名的营地，也是人类择优而选的居住地。考古学家在柴窝堡湖的东岸和西南岸发现了距今10000～6000年的细石器遗址。同时，在其水源补给河流——三个岔沟西岸的台地上，找到了232处从战国到汉朝时期边塞人的石堆墓、石圈墓、石列等。这些遗址无疑在用史实告诉人们，具有草丰水美、环境清幽等诸多特质的柴窝堡湖畔，不仅是丝绸之路古道上具有悠久历史的驿站，更是新疆最早有人类居住的地区和绿洲文明的发祥地之一。

柴窝堡湖虽然草丰水美，但是你会发现，这里很少有高大的树木，其中一个重要原因是此地风力过于"凶猛"了。在柴窝堡湖区，全年的有风天超过 200 天，其中 6 级以上大风 120 天，最大风速超过 26 米/秒。如此猛烈的狂风，高大树木无法求生，就连低矮的灌木也奋力挣扎，将长于自己体长数十倍的根系深扎在土壤中，以备生存之需。

科学家发现，柴窝堡湖和天山周边众多的现存湖泊一样，在垂直方向上各个深度的水温、矿化度和水流速率有着惊人的一致性。究其原因，则是这里经常刮大风，搅动了各个区段之间的水流，使得它们不会出现分层现象。而湖周常年的大风，一方面使湖水蒸发过快；另一方面却保护了水质，所以这些湖泊数千万年长期存在却不会变绿腐臭。

这种极端不适宜物种生长的风力在工业发展上，又成了一种可再生又洁净的资源。依托丰富的风力资源，柴窝堡湖区周边建成了中国第一个大型风电厂，

◎琵嘴鸭飞出湖面　赵春辉 摄

◎中杓鹬在湖面翱翔　赵春辉 摄

这也是亚洲最大的风力发电站。两百多架几十米高的白色风机，在柴窝堡湖旁荒芜无边的戈壁上迎风飞旋，形成了一个蔚为壮观的风车大世界。

科学家经过多年的调查发现，柴窝堡湖水面的时大时小并非个别现象。在整个干旱区，有不少这样的湖泊，有的湖泊甚至已经完全干涸沦为荒漠。湖泊的这种变化是区域气候变化和人类生活对环境影响双重作用的结果。像柴窝堡湖这种离城市较近的湖泊，更容易受到人类生活的影响，我们可以轻易地毁掉它，重塑和恢复它却需要付出很大的代价。

在过去 70 年时光中,"国门湖"艾比湖,从碧波万顷到中国四大沙尘暴策源地之一,又逐步恢复往日生机,经历了一个咸水湖的蜕变和重生。

◎艾比湖湿地　许文强 摄

　　"在一个比我们的生存环境更为古老而复杂的世界里,动物生长进化得完美而精细,它们生来就有我们所失去或从未拥有过的各种灵敏的感官,它们通过我们从未听过的声音来交流。它们不是我们的同胞,也不是我们的下属;在生活与时光的长河中,它们是与我们共同漂泊的别样种族,被华丽的世界所囚禁,被世俗的劳累所折磨。"在阅读亨利·贝斯顿那部著名的自然文学作品《遥远的房屋》一书时,我其实并没有完全领会这段文字所表达的深层含义。

　　直到我迎着晨光中的薄雾漫步于艾比湖边时,在梭梭等小乔木构建的丛林中,看见一闪而过的艾比湖马鹿隐入深处;目睹湿地滩涂边,大天鹅迎着柔

◎红外相机拍摄的艾比湖马鹿　甘家湖梭梭林保护区乌苏分局 供图

和的阳光，肆意展现优美的颈部线条。我突然想到，艾比湖的生机是失而复得的美景。在它被破坏的那些年里，人类在利用自然的时候，忘了自己和周遭的一切一样，"被华丽的世界所囚禁，被世俗的劳累所折磨"，而所有那些看似主人般的对大自然的"无度挥霍"，终将以另一种方式让人类领悟我们从来都不曾是大自然的主人。

我恍然领悟那段话的深意，原来，人类自己以为的尊贵，其实不过是一种虚妄的自我。我们和周遭那些植物、动物一样，不过是共同在这颗蓝色星球上漂泊的不同物种。

艾比湖（Ebinur Lake）是典型的咸水湖，位于

81

◎湖泊西北部——干涸湖底　许文强 摄

东经 82°35' ~ 83°16'，北纬 44°34' ~ 45°08'，蒙古语意
为"向阳之湖"。清朝徐松在其著作《西域水道记》
中称艾比湖为"喀喇塔拉额西柯淖尔"，并记载："湖
东西百五十里，南北八十里，周四百余里，冬夏不
盈亏。尾水於岸，自然成盐，商贾运贩，一升数钱，
伊犁之境，是焉仰给。"可见，艾比湖自古便是重要
的产盐地，是伊犁重要的食盐供给区。

　　艾比湖的湖盆是准噶尔盆地的最低处，自然也
就成了盆地内地表水和地下水的汇集中心。《中国新
疆河湖全书》中记载，在历史上，艾比湖周围的博

◎一列火车驶过湖畔的欧亚大陆桥铁路

尔塔拉河、精河、奎屯河和喇叭河等 23 条河流均可注入其中。可以想象其水资源的充沛和水面之壮观。科学家根据地质构造、水文记录和历史文献记载推测，艾比湖水面面积最大时曾达 3000 平方千米，最大湖深 40 米。在干旱区拥有如此大的湖面，被比作"大海"也许并不过分。

位于阿拉山口东侧的艾比湖作为一个"国门湖"，欧亚大陆桥铁路有 140 千米是沿艾比湖流域修建的。多年前，这一泓碧水发挥了抵御风沙、保护铁路的巨大作用，犹如一把巨大的保护伞，维持着湖周区域乃至整个新疆北部的生态平衡。但是，随着时光的推移，它从碧波万顷到中国四大沙尘暴策源地之一，而后又逐步恢复往日生机，用了不到 70 年的时间。在地球漫长的时光河流中，70 年不过一瞬；对于以年计数生命的人类，70 年或许就是一生；而相对于某些物种，70 年足以让其从地球上消失，永不复生……

据记载，1949 年艾比湖的湖水面积还曾多达

1070 平方千米，随后入湖水量减少，湖面急剧萎缩到 800 平方千米左右；20 世纪 80 年代末期，水域面积最小时仅 499 平方千米。水位下降导致湖滨及四周的生态环境急剧恶化，第三次新疆综合科学考察的相关数据显示，在近 20 年时间里，艾比湖最小面积一度萎缩到了 348 平方千米，与过去碧波荡漾的"国门湖"相比，不可同日而语。

艾比湖所面临的生态危机，不仅是生态问题，业已成为一个被广泛关注的科学问题。科学家经过水文、气象、生物、土壤等多方的数据对比发现，在近 70 年的时间里，艾比湖的湖泊湿地严重退化，湖泊面积萎缩曾一度导致裸露的湖底演化成我国沙尘

◎夕阳下艾比湖的湖畔湿地，色彩浓郁

暴的策源地。进而造成湖泊的湿地生态系统和湖滨的荒漠生态系统逆向演替，湖周植被由湿生、中生向旱生、超旱生和盐生、耐沙生种类演替，最终使艾比湖湿地的生物多样性受到严重损害。

艾比湖近 70 年来生态环境的剧变，与人类活动密切相关。为了获得更多耕地，人们在艾比湖流域平原区大面积垦荒、建设水利设施，导致入湖水量急剧减少。原本给艾比湖带来巨大经济效益的卤虫，也成了破坏艾比湖生态环境的"最强驱动力"。在利益的驱使下，不法分子无节制地捕捞有"软黄金"之称的卤虫卵，导致湖内生态急剧恶化。因为牧场退化，艾比湖湿地及胡杨林、灌丛都被作为天然牧场，大规模的肆意放牧，严重破坏了湖周生态……这些行为严重破坏了艾比湖的生态环境，使得这个原本"国门湖"的生态屏障丧失了作用，反而成为破坏更大范围生态环境的罪魁祸首。

说到了艾比湖，就不得不细说一下艾比湖的卤虫，卤虫（*Brine Shrimp*）也称"丰年虫"成虫体长只有 1.2～1.5 厘米，但却是一种重要的饵料生物和良好的实验动物材料，含有丰富的营养物质，其干重蛋白质含量高达 57.62%，脂肪含量达 18.11%，灰分 19.05%，且富含 18 种氨基酸、维生素、激素和类胡萝卜素及钙、镁、钠、钾、铁、锌、锰、铜等多种矿物元素。因其经济价值很高，一直受到人们的广泛重视。在全国 100 多个盐湖中，艾比湖的卤虫资

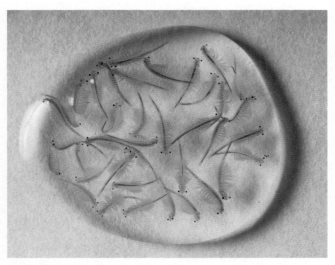

◎艾比湖卤虫

源量名列榜首，其卤虫卵产量曾一度接近全国卤虫卵产量的 2/3。

艾比湖卤虫卵的采收季节，一般在每年的 6—11 月。因为其产出的均为浮性卵，所以卵常被风浪冲积到岸边堆积在一起，呈浅红褐色。人们可直接在岸边刮取，或用特制的小纱网，在湖边的下风口处捞取漂浮于水面或悬浮在水中的虫卵。

因其在国际交易市场的高额售价，很多不法盗挖者为了更便捷地采收，就在湖边挖坑或构筑浮栅，使卵集中在局部水体中，毫无节制地进行采收。这样，不仅导致湖体遭到破坏，湖内生物群落出现危机，更让湖周生态受到影响。在利益的驱使下，生态环境遭到破坏的例子不胜枚举，人们终将因为这样的行为而受到大自然的加倍"回报"，艾比湖的生态危机就是最鲜活的实例。

随着艾比湖的萎缩，周边湿地严重退化，地表水位也逐渐降低，湖周植物深受其害，特别是一些濒危珍稀植物。值得一提的是，艾比湖小叶桦（*Betula microphylla* var. *ebinurica*），这种曾被误认为是濒危稀有植物盐桦的湿地小乔木的发现，纯属一个偶然。

2002 年，艾比湖湿地自然保护区科学考察队在保护区的阿其克苏河道附近发现了生长在海拔 200～300 米的桦树群落。当时考察队经过初步观察，将其认定为盐桦。但科学考察队成员、新疆植物学会副理事长、新疆师范大学教授海鹰将标本带回后进行了大量研究，认为这是一个没有记载的新物种，而并非盐桦。他的这一研究成果引起了植物分类专家、新疆农业大学杨昌友教授的高度重视，通过鉴定，杨昌友教授将之划分为小叶桦亚属小叶桦类群中，并将之命名为"艾比湖小叶桦"。

2002 年被科研人员在野外发现时，艾比湖小叶桦只有 300 多株，从命名至今，人们就一直没有再发现过大面积的这种植物，相关研究也不断证实，这个树种正濒临灭绝。但是，有关研究从地层剖面的孢粉数据分析得出结论，艾比湖小叶桦在过去的 660～340 年，曾一度成为艾比湖周边的优势植物，而近 200 年来，因受到环境的影响，逐步出现了种群的萎缩。

人为的影响是一个方面，自然环境的影响也不可小觑。位于艾比湖西北面的阿拉山口是世界著名的风口，每年风力大于 8 级的日子多达 164 天，且最大风速可达 55 米／秒，艾比湖的年平均气温 6～8 摄氏度，极端最高气温曾达到 44 摄氏度，而最低气温则低至 –33 摄氏度。年均降水量仅 105.17 毫米，蒸发量却高达 3400 毫米，气候极其干燥。这些独特的自然地理因素，再加上人类活动的影响，必然导致其生态环境十分脆弱。

在阿拉山口大风的侵袭下，艾比湖西部 500 多平方千米的干涸湖底，大风掠过，瞬间就会黄尘滚滚，天昏地暗。2007 年，艾比湖湿地成为国家级自然保护区，通过每年 2—4 月的输水，维持了入湖水量，减缓了湖面萎缩趋势。定额输水、禁止捕捞卤

◎艾比湖小叶桦标本　海鹰 摄

◎ 艾比湖区的甘家湖梭梭林保护区，梭梭的恢复状况令人欣慰　许文强 摄

虫卵，以及在艾比湖周边采取禁牧等措施，使其生态环境得到进一步修复。这便是文章开头我有幸能在湖边丛林中见到一闪而过的艾比湖马鹿、目睹大天鹅迎着阳光翩翩起舞的原因。

湖泊东南侧大片的湿地，是迁徙于西伯利亚至东南亚的近百万只候鸟的停歇地。我漫步于湿地旁，从变幻的云朵中，捕捉到秋季即将来临。到处都是成群觅食的赤麻鸭、黑鹳、白尾海雕、大天鹅、红颈滨鹬、领燕鸻……被狂风撕破的残云在湖面上飘动，鸟儿们无视风的存在，将头探进水里，觅食嬉戏。它们在这里来来往往，短暂团聚之后便消失在天际，湿地的沼泽上遍布着它们从未间断过的脚印，杂乱无章却充满生机。是的，只要它们愿意在这里出现，就意味着艾比湖的未来不会太灰暗，那些人为的补救措施正在慢慢生效。

素有"变色湖"之称的喀纳斯湖，是中国最深的冰碛堰塞湖。绮丽的景色、"湖怪"的面纱和冰川地貌的大百科，令人神往。

◎喀纳斯湖的卧龙湾　范书财 摄

◎新疆歌鸲　马鸣 摄

　　林间的雾霭，如一层薄薄的面纱，似有似无地遮挡着阳光，也遮挡了我的视线。清晨的寂静，被新疆歌鸲（*Luscinia megarhynchos*）悠远清晰又略带婉转的哨音划破，而白背啄木鸟（*Dendrocopos leucotos*）用嘴敲击树干的声响，一如在为它打着节拍。鸟鸣此起彼伏的林间，多了几分野趣，瞬间便让情绪欢快起来。这场景让我想起约翰·巴勒斯的那部自然文学经典之作《醒来的森林》，他在哈德逊山谷倾听林中鸟儿的音乐会时，大概就正如我此刻走进喀纳斯河谷的泰加林，原始森林的气息扑面而来，我在鸟儿的欢歌笑语中感受着自然的苏醒和复原。

　　关于喀纳斯湖，扑朔迷离的传说太多，我决定

◎湖畔的岩石上布满了地衣　范书财 摄

亲眼去看看。不是游客般潦草地掠过河谷山川、拍照欢呼美景，然后匆匆赶往下一个景点，而是决定在这里住一段时间，感受它的一呼一吸，领略它的晨与昏，让生命浸入林间、湖畔，也让自己得到短暂的放松。

我去的时候，并不是喀纳斯湖最美的季节，因为初夏于喀纳斯湖来说，不过是青山碧水，过于平淡。我们在各种视觉大片中感受到的那种金色泰加林、蓝绿色湖水和雾霭的纠缠的景色，是它的深秋时节。而初夏，湖水是浅绿色，泰加林的翠色并不耀目，大多数野花刚刚败落，开始孕育果实。

然而，我却觉得刚刚好。因为此时是喀纳斯湖

游客最少的时节，正好暗合我想安静感受它的心意。人流的喧闹，在这种原始森林中，特别煞风景。

　　而此刻也是白背啄木鸟的繁殖期。鸟类学家告诉我，其实它们在春末就开始配对和求偶了，求偶时雌雄鸟首先一起飞翔，相互追逐于树冠间，上下飞舞，边飞边叫。经过一阵飞翔追逐后，会站在树枝上，彼此对视、鸣叫、交换位置，反复十多次才交尾。我未能看到这情景，只能凭空脑补它们欲迎还拒的求偶场面。我能看到的仅是它们捕捉虫儿的模样。从不利用旧巢，每年都要啄新洞的白背啄木鸟是勤劳的鸟儿，也许就是这种勤劳，让我在清晨时分就听到了它不断敲击树干的声响。

　　我无心在林间过多逗留，急着想赶在清晨时分去看看扑朔迷离的喀纳斯湖。地理位置为东经 86°59′ ~ 87°09′，北纬 48°42′ ~ 48°53′ 的 喀 纳 斯 湖（Kanasi Lake），位于布尔津县的喀纳斯河上，是中国最深的冰碛堰塞湖。它是强烈的构造断陷和第四纪冰期时代

◎喀纳斯湖全景图　范书财摄

经冰川刨蚀而成的终碛垄堰塞湖。两岸山坡陡峻，多
见岩石裸露，岩壁近于直立。整个喀纳斯湖区就像一
部冰川地貌的大百科，古冰斗、冰川角峰、刃脊、U
形谷、悬谷、冰碛垄、冰碛湖等冰川地貌形式一应俱
全。或许这也是冰川学研究者非常偏爱这里的原因。

　　喀纳斯湖下的地形特征也很特别，湖两岸的边
坡极陡，普遍有 10°～30°，且湖盆的横断面形态多
呈近于箱形的对称倒梯形。但湖盆中心的底部非常平
坦，局部有对称的凹槽。喀纳斯湖的湖面高程 1370
米，南北长 24500 米，宽 1000～2200 米，平均水深
可达 120.1 米，最深处达 188.4 米。

　　喀纳斯湖属于弱矿化的淡水湖，它的水矿化度
为 67 毫克/升。湖水随着季节、天气和观察角度的
不同，呈现出不同的颜色，素有"变色湖"之称。五
月的湖水呈青灰色，到了六月，湖水开始泛绿，逐渐
呈现出浅绿或碧绿色。七月之后，湖水又由碧绿色
变成微带蓝绿的乳白色。到了秋季，湖水又会呈现

◎初雪，把泰加林染成了白色　范书财 摄

出它最美的状态——翡翠色。喀纳斯湖色彩的变化，并不是什么说不清、道不明的神秘力量，而是大自然本身的造化，与周围汇入水量的增加及减少密切相关。

而湖中更没有什么传说中的"湖怪"。这么写，似乎颇有些"不解风情"的现实主义味道。但完全不基于事实、有意虚构的魔幻，一点儿也没有浪漫因子，反而多了几分庸俗的气息。事实上，喀纳斯湖中有一些比较珍稀的鱼类，如哲罗鲑、细鳞鱼、北极茴鱼、拟鲤、真岁、北方条鳅等。

这里一定要说一下著名的哲罗鲑，因其体形硕

◎云雾缭绕的喀纳斯湖　范书财 摄

大、性情凶猛、出没无常，被人们以讹传讹地传为"湖怪"。哲罗鲑（*Hucho taimen*）是鲑科鱼类中个体最大、最易濒临灭绝的种类，也是我国名贵的冷水鱼类。这是在冰川期于北半球亚寒带山麓中形成的鱼类，它会溯流而上在河流的上游产卵，一般会产在急流的水底砂石下，产卵量非常大，是一次产卵吗？因为会在生殖期出现鲜红的生殖色，所以哲罗鲑被称为"大红鱼"，它的背部是棕褐色，而腹部、尾部及腹鳍和臀鳍均为橙红色。"湖怪"的面纱就这么被扯开，确实让人有些扫兴。

经过几天的探寻，我的视线从湖岸的逶迤曲折，

　　湖里生物的多姿与奇特中收了回来。开始打量我身处的这片森林。喀纳斯湖周边的天然林保存完好，是寒温带植物的乐园，第三次新疆综合科学考察调查的数据显示，该区域内的野生植物达 800 余种。喀纳斯湖东岸茂密的森林是西伯利亚泰加林的精华浓缩。新疆落叶松（*Larix sibirica*）是这里的优势树种，在这里生活得如鱼得水。据记载，其中一棵被称为"泰加林之王"的新疆落叶松，胸径达 120 厘米，高 30 米，树龄 500 年以上，可谓饱经沧桑。

　　林间暖和无风，但在泰加林里行走并不容易，好在有鸟儿一路相伴。你会恍然感觉，自己就是一棵行走的树，在这原始的茂密丛林里，与野生动物

◎俯瞰喀纳斯湖　范书财 摄

擦肩而过，汲取露水的养分，沐浴着若有若无的阳光，野性得以充分显示，感受着大自然的寂静。其实，能在这林中漫步，是一种奢侈的享受。绝大多数人只能沿着蜿蜒的公路，在路边瞥一眼林中风景，便匆匆赶往下一个景点，永远无法感受这林间枝繁叶茂的生命韵律。

复杂的植物群落自然也是野生动物栖息繁衍的天堂，湖区周围有记录的野生动物超过 150 种。在林间穿梭，看到了棕色的雪兔（*Lepus timidus*），它以飞快的速度，从你的眼皮下飞奔而过，瞬间就躲了起来，我怀疑它本未走远，只是用保护色把自己隐匿在周遭的环境中。松鼠在林间玩着跳跃游戏，偶

◎喀纳斯湖观鱼台

尔滑落到地面，在厚厚的苔藓上找到一枚留存的松果，便肆无忌惮地啃食起来，一点儿也不怕你围观。或许在它的眼中，你和它一样，是这森林的一部分，彼此相安无事。据说还有驼鹿、貂熊、马鹿，我没有遇到。当然不容易遇到，驼鹿已被列为极危物种，而貂熊和马鹿也已成为濒危物种。

我日复一日地绕着湖周从不同视角观察着喀纳斯湖。某一天，陪伴我的向导实在看不过眼了，他说："观湖，一定要登上观鱼台！"我略带迟疑，但还是决定上去看看。观鱼台坐落在喀纳斯湖西岸海拔2030米的骆驼峰上，与湖面的高差达600米之多。我突然明白了向导的用意。的确，只有上了观鱼台，才能将喀纳斯湖的整体美景尽收眼底。好在6月并不热闹，没有游人如织的喧闹，我可以安安静静地在此远眺友谊峰。海拔仅4374米的友谊峰，在这里却显得非常高耸，立于群峰之巅。俯瞰喀纳斯湖，周围山体的雄、奇、险、秀，一览无余。而那一汪秀水坐落在原始森林的怀抱中，沉睡在山峦的阴影里，宛如一面被岁月浸染的铜镜，安详地散射出柔和的光芒。据记载，耶律楚材途经喀纳斯作诗一首："谁知西域逢佳景，始信东君不世情，园沼方池三百所，澄澄春水一池平。"当年耶律楚材大概也是被喀纳斯的美惊艳到了吧！

其实美景不止湖泊，其下游的喀纳斯河迂回曲折，与周遭的山峦和泰加林一起，形成了多处风景

③草地上毛绒绒的是全缘铁线莲  刘瑛摄
②西伯利亚落叶松  刘瑛摄
①6 月底，喀纳斯湖区才入夏，到处可见正值花期的杂景天  刘瑛摄

①③
②

秀丽、形状独特的河湾。神仙湾、月亮湾、卧龙湾……
在河流、草地、奇异的岩石、散落的原始树木的点
缀下，每一道湾都宛若仙境，让我感觉自己正游历
在仙境中，沉迷于此，不愿苏醒。

　　我走的时候，喀纳斯旅游的旺季即将到来，我
略略替它惋惜，因为喧闹会破坏它那份近乎原始的
沉静，而这沉静是自然的本真，能毫无阻碍地直抵
人心灵的深处。

©月亮湾秋景

天山天池周边直线距离 80 千米范围内，相对高差达 5000 米，包含永久冰雪带、高山苔原带、中山峡谷森林带、低山草原带、丘陵荒漠带到沙漠带完整的垂直带谱。

◎俯瞰天池　范书财摄

　　一生仕途不得志的李商隐，是晚唐乃至整个唐朝为数不多刻意追求对仗工整和声律铿锵的诗人。他的诗尚刻画、好用典、善骈对，文学价值颇高。所以，每当读到他的诗文"瑶池阿母绮窗开，黄竹歌声动地哀。八骏日行三万里，穆王何事不重来。"总让我有种感慨，连讽刺人都用典功力深厚，写得那么迷离、唯美，怪不得《唐诗三百首》里收录了多首李商隐的诗。

　　让我对这首诗感慨的，除去诗词的精美，更有对天山天池传说之久远的感慨。据传成书于战国时期的《穆天子传》多次提到瑶池，也就是今日的天山天池。交通及通信极度匮乏的当时，人们怎么会知道在这天山深处，藏着这样一个被群山环绕的美丽湖泊？

湖心地理位置为东经 88°08'，北纬 43°53' 的天山天池（Tianchi Lake），整个湖面为半月形，镶嵌在天山山脉博格达山的北侧，是第四纪大冰川活动时期形成的高山冰碛堰塞湖。湖泊集水面积达 168 平方千米，其水源主要来自大东沟、东南沟、马雅山沟、小东沟和冰沟这五条河，最大的主流为大东沟，是一个典型的淡水吞吐湖。第三次新疆科考调查的数据显示，天山天池的湖面海拔 1910 米，水面面积仅 2.6 平方千米，但其最深处竟达 103 米，活脱脱一个藏在高山森林间的"深水坑"。中国科学院新疆生态与地理研究所的李均力研究员告诉我，不同月份测量、不同年份测量，其深度都有一定的差异，天山天池水位的年变化幅度为 2 ~ 11 米，但一般会采用常年平均水文年份的数值。

在天山海拔 1000 ~ 2000 米的高度上，山地错断强烈，山间断陷地形复杂，主要表现形式为山间盆地，为湖泊的形成提供了良好的基础条件，是天山山地湖泊发育的主要高度层面，天山天池正好是处于这个高度的淡水湖泊。而这个高度也恰好是雪岭杉（*Picea schrenkiana*）的主要分布带，所以湖周被高大苍翠的云杉萦绕，林下绿草如茵，野花星星点点地缀在绿色的草甸上，一派怡人的景色。距离乌鲁木齐市仅有 90 多千米的天山天池，也因此成为很多人每年夏季必去的避暑胜地。

被誉为微型水库的雪岭云杉，是天山天池的

◎雪岭云杉像一个个细长的塔插在天山上　刘琼

明星物种。在天山北坡，雪岭云杉林分布于海拔1500～2800 米的中低山—亚高山，是亚洲中部干旱区荒漠带最主要的山地常绿针叶林，对天山的水源涵养、水土保持发挥着不可或缺的重要作用。所以，看到雪岭云杉的群落，你基本可以判断，这里有着较好的水源和生态环境。而人们热衷于去天山天池旅游，除了高山碧湖的吸引之外，湖周高大的雪岭云杉也是一个不可忽视的魅力源泉。

其实从乌鲁木齐前往天山天池，并非一路绿意，中间要经过一个荒漠带。所以在接近一个小时的路程中，看够了荒漠景观之后，突然转弯绕进一个碧树成荫、绿草如垫、山峦起伏、湖水湛蓝的区域，那种感

◎一天池碧水映天山　范书财 摄

受一定非同寻常。进入山谷前往天山天池的路途中，随处可见涓涓细流，沿着曲折迂回的山谷、草甸欢快地奔腾着。首先映入眼帘的是遍野的蔷薇、枸杞、圆柏、锦鸡儿和天山小檗组成的灌丛带，接着会步入由杨树和榆树等乔木和灌丛相间的植被区域，最后，在迂回婉转的山路上见到耸立的雪岭云杉和如茵绿草。看到雪岭云杉，便知道离真正的湖区不远了。

偶尔，我会觉得接近湖区却又未到湖区的过程更有趣，因为在山前的荒漠过度带，可以随时停步在一株锦鸡儿旁，观察它细细密密鹅黄色的花朵，以及不同角度翻转的花瓣。也有可能被一株天山小檗的枝丫挂到了衣袖，停下来看它去年的果和今年的花同时悬在枝头。说不准，还能在某一棵榆树旁，见到清新淡雅开着白色花朵的天山花楸。其实在上山看湖的路途中，已有太多会让你驻足的"小确幸"，这悄无声息的探寻过程，会让你忘了自己正在山谷中爬坡。

特别是盛夏即将来临的时节，迎着微风轻抚的山谷陡坡前行，进入湖周的森林里，雪岭云杉特有的气味弥漫在林中，新疆贝母、党参、棱叶韭等野生植物的花朵恣意盛放，期待进入到生命的下一个阶段。这个时节，林中的各种鸟儿也特别雀跃，虽然很多鸟都过了求偶期，但红额金翅雀、赤胸朱顶雀、红嘴山鸦、大杜鹃那时而婉转，时而悠扬，时而短促，时而清澈的鸟鸣，让人恍惚觉得，这些音符和啼鸣声暗示着某种歌声，带着某种奇特又微妙的曲调，落入

⑤白屈菜　刘瑛摄
④大戟　刘瑛摄
③雪豹　马鸣供图
②绣线菊　刘瑛摄
①天池湖畔，冰雪中的植株　刘瑛摄

| ① | |
|---|---|
| ② | ③ |
| ④ | ⑤ |

人们的耳际。去天山天池的路就是一次探索发现之旅，不论是那些根植在山谷里的灌木丛，还是驻守在雪岭云杉林里的鸟儿，或者沿着山谷奔腾的小溪，都在用最自然的方式，让人忘记自我，融入旷野。

据考证，天山半腰的这一池湖水得名天池，源自清乾隆四十八年（1783 年）乌鲁木齐都统明亮题的《灵山天池疏凿水渠碑记》。灵山指天山著名的山脉博格达，其山顶积雪终年不化，由海拔 5445 米的博格达峰和两侧海拔分别为 5287 米和 5213 米的山峰构成了著名的"雪海三峰"。它们与天山天池、雪岭云杉一起，勾勒出一幅多变的画卷，在不同节气和光影下，有着不同韵味。夏季夕阳映照下，就是巨幅的风景大片；秋季的艳阳下，便是浓墨重彩的油画；到了冬季大雪纷飞时，便成了山水泼墨画，也因此，这里成为天山高山湖泊景观美的典型代表。

天山天池及其周边的景观美，不止拘泥于湖边。博格达山脉从南至北呈阶梯状错叠，自然景观呈现突变明显的带状规律。从高山冰川到平原沙漠的直线距离仅 80 千米，相对高差却达 5000 米，包含了从极高山的永久冰雪带、高山苔原带、中山峡谷森林带、低山草原带、丘陵荒漠带到沙漠带，这样一个完整的干旱山地典型而独特的自然景观垂直带谱。

也正是这样一个独特的自然景观垂直带谱，孕育了天山天池及其周边异常丰盛的生物多样性，使这里成为天然的生物基因库和景观丰富的自然博物馆。天山天池及其周边不仅出土过引起国际学术界轰动的天池龙化石，还有以松科、杨柳科、菊科、禾本科、豆科、莎草科、唇形科、伞形科等为主的200余种植物。同时还栖居有雪豹、北山羊、猞猁、棕熊、石貂、马鹿、盘羊、暗腹雪鸡等180余种野生动物。这些物种不仅具有观赏价值，还极具科学研究价值，每年吸引数以千计的中外专家在此开展各种研究。

　　原本以为天山天池带给人们的惊喜到此为止了，

◎天池初冬　范书财 摄

结果它又抖出新的"包袱"。人们在天山天池西南的山峦里，发现了一处面积约 4.5 平方千米的火山岩石林景观，掩蔽于天山天池的森林之中，石林造型别致，惟妙惟肖，是造化天然的"林中林"。科学家发现，该石林发育于火山岩地层中，与国内外常见的石灰岩岩溶石林、松散碎屑岩层中的土石林等，在物性、成因、地貌形态与景观特征上有明显差异，是一类独具特色的石林景观。

如此美妙且全面的自然景观，不仅是科学家深爱的乐土，更是旅行者纷至沓来的诗与远方。2013 年，天山正式被列入世界自然遗产名录，天山天池也因此更加声名远扬。随着旅游开发的深入和周围区域工业的大规模开发，天山天池的生态环境遇到了越来越多问题，从水质到物种安全，从森林覆盖度降低到流域水量减少，这些都让天山天池景观带的完整度和景色的美誉度受到了影响。好在当地已经实施了各种保护措施，力图减缓这些干扰因素对天山天池的负面影响。

通过各种措施，这些人为因素会得到抑制和缓解。而那些来自地球大环境的影响，却不为人类左右。近 50 年来，全球变暖对亚洲中部干旱区的气候变化带来了很大影响，科学家发现，输入水汽量的增多使天山北部年平均降水量有所增加，有数据显示：天山天池 50 年来气温和降水变化呈现出暖湿化发展，并且有明显的年际变化。

◎马牙山的石林，造型别致，惟妙惟肖，是造化天然的"林中林" 蔡荣华 摄

◎夕阳下，博格达峰的倒影 范书财 摄

　　气候的暖湿化趋势将加剧天山天池生态环境的恶化。因为如果气候变暖 1.5～5 摄氏度，冰川将会快速消融，具体到天山天池，则是各自然带下线的轴线上升 250～800 米。如云杉林下线的轴线将升至海拔 2050～2600 米。若上升到 2600 米，绝大部分天山天池的山地森林将消失，因为雪岭云杉在天山北坡的适宜生长区间为 1500～2800 米。失去森林和冰川，天山天池的风景将会大为逊色，而各种自然灾害也将加重。那时山下的荒漠带将扩大，而草原带、草甸带将上升，且面积会缩小。换言之，气候的暖湿化将

◎冬季天池　刘瑛摄

加速整个天山天池自然景观垂直带谱的荒漠化进程。

　　在看到科学家的这个研究成果时，我陷入了深深的思考。即便今天，科学如此发达，人类早已有能力从浩瀚的太空回望地球，却依然需跟随地球那深沉而永久的节奏。峰顶的冰川会消融、火山会爆发、潮汐会涨落、候鸟会随季节迁徙，四季周而复始，这就是地球的本原，是人类必须遵循的自然法则。面对我们赖以生存的星球，我们只有尽可能在自己可以控制的领域里，最大限度地减少对周边环境的影响，才能持续不断地探寻大自然的神秘与美丽。

◎马牙山上的的火山岩石林景观　蔡荣华 摄

蔚蓝晶莹的赛里木湖，是大西洋的最后一滴眼泪，是跨越平原山川抚慰万物的大西洋暖湿气流所能眷顾的最东端。

在如此嘈杂纷乱的世界里，什么能让你瞬间平和宁静下来？或许是一段柔美的音乐，或许是一幅祥和的图景，抑或是一面湛蓝的湖水。赛里木湖大概就有这样的魔力，让你疲惫不堪地越过重重山峦，烦躁不安地找到它，然后瞬间便安静了下来。因为你很难看见一种蓝色，如赛里木湖湖水那般湛蓝，那是没有丝毫杂色侵扰、让人极度舒适的蓝色，不为尘染，不为物污。

在前往伊犁的途中，我数次与它相遇，清晨、正午、黄昏或子夜，每个时刻它都有不同的美；我多次环湖而行，早春、盛夏、深秋或严冬，每个季节

◎赛里木湖畔悠闲吃草的牛羊　范书财摄

都让我得到心灵的释放。如果说，在我去过的诸多湖泊中做一个排名，我想赛里木湖一定在前三。

赛里木湖（Sarim Lake），地理位置为东经81°00′~81°22′，北纬44°30′~44°43′，古名"西方净海""乳海"，蒙古语为"赛里木淖尔"，意为"山脊梁上的湖"。第三次新疆综合科学考察测定的最新数据显示，湖面海拔约2074米，最大水深92米，是一个高山冷水湖，湖水的矿化度为3克/升左右，依然被归类为微咸水湖。事实上，赛里木湖形成于数千万年前的喜马拉雅造山运动时期，地质学上这类湖称为"地堑湖"。铺展在天山脉络上的赛里木湖盆地就是一部

◎环湖公路总有种会让人冲入湖中的视觉效应　刘瑛 摄

◎从伊宁市出发，翻过果子沟大桥就到了赛里木湖　范书财 摄

地质气候变迁史，它的第四纪湖泊沉积记录了西天山地貌发育和古冰川作用的全部历史，反映了中国西北与中亚地区第四纪气候与环境的几个变化阶段。

或许，我每次看到赛里木湖都会感受到心灵超乎寻常的安宁的原因，与它厚重的历史沉积有关。承载了太多地球记忆的湖泊总有一种深邃感。而这种深邃，一方面让你对它充满敬畏；另一方面，它又能抚平你的浮躁、不安和患得患失的感觉。湖泊真的有这种力量，特别是那种留存在山间盆地里的湖泊，不可言状的深邃和沉静，很容易让你褪去躁动，用一种安然的目光去打量这个世界，用一种平和的心境去面对生命。这也是目睹过多种不同景观之后，我一定要用我的笔触去记录湖泊的原因。

确切地说，赛里木湖四面都是山地，它位于博乐境内天山西段的高山盆地中，南侧和西侧均为博罗科努山北坡，北侧则是察汗乌逊山和汗孜格山南坡，而湖的东侧是库松木切克山。312 国道从东北的汗孜格山和库松木

切克山之间的隘口穿行而来，顺湖泊东南岸向南延
伸，是人们从乌鲁木齐驾车前往伊宁的必经之地。

《中国新疆河湖全书》记载，赛里木湖的四周是
巨厚石灰岩及砾岩组成的山地，周边山麓不大的洪积
扇泻落到湖岸。湖周多为坦缓的低湖岸，只有湖岸
的西北方向，由于受到风浪的袭击，坡岸后退，形
成了陡壁。赛里木湖比较神奇的是，没有大的河流
汇入便在山峦之间有了这么大一面巨湖。这曾让当
地人百思不得其解，甚至一度猜测湖的来历。事实上，
湖水的水源主要是湖周坡地的雨雪集水、湖面降水
及地下水补给。湖泊周围的山峦上，有近 10 条溪沟
悄悄汇入，虽无大江大河的壮观，这润物无声的作
用也是不可小觑的。

说赛里木湖四季皆有美景，一点儿也不夸张。
湖的西面云杉林层层叠叠，织成塔林，植被丰富且
物种丰饶。湖周是丰茂的草场，而湖面上常有天鹅、
白眉鸭等水禽出没，湖中则穿梭着高白鲑等冷水鱼。
这"配置"怕是让其他高山湖泊望尘莫及的，所以
它的美也浑然天成、不需雕琢。

早春的风刚刚拂过湖面，湖边草场的雪还尚未
融化殆尽，白番红花就迫不及待地钻出地面，从山坡
的草地上一路蔓延开去。白番红花的花瓣特别娇嫩，
在冰雪还没褪去的草地上，迎着寒风绽放的美丽花
姿让人肃然起敬，果然是不惧严寒，笑对冰雪不负
春！而此景映衬着湖中正在融化的冰面，多了几分

柔情，把春姑娘那欲说还羞的姿态表达得淋漓尽致。湖面在将融未融的意境中，逐渐纯净着湛蓝的底色，巨型的冰晶体徜徉在春日的暖阳中，静静融化，没有丝毫悲伤，仿佛知道自己将以另一种形式，成为这景色中最绚丽的一部分。

盛夏时节，赛里木湖是人们心之向往之地。那些被炎热焦灼着的情绪，似乎无处安放，需要在自然的空灵中释放。所以，人们穿越重峦叠嶂的山脉，奔向赛里木湖。而它也没有令人失望，映入眼帘的瞬间，就能让人暑气全无。因为那一面湖水中的蓝色，只望一眼就会渗入你思维的最深处，动人心魄，直抵灵魂，浇灭你的焦躁不安。其实，若是仔细品味，那并不是一色的蓝，而是深深浅浅分着层次的蓝，淡蓝、深蓝、墨蓝，不断向远处延伸。而那湖畔，星毛委陵菜、珠芽蓼、火绒草随风摇曳，与艳丽的金莲花和远处的雪山一起，倒映在湖中，形成了一幅色彩浓郁的油画。

秋风扫过赛里木湖，其实是悄无声息的，你只通过湖边突然泛黄的草坡，便可知秋已来临。湖边大量的鸟类开始为迁徙做准备，暮秋时节看着它们远去的身影，多少有点惆怅，而那湖水似乎丝毫不为之所动，依旧保持着湛蓝和清新。或许，对于它来说，秋天意味着终将告别喧闹，留白一段时间，为下一年耀目的湛蓝和明媚积蓄能量。我不想多写赛里木湖的鸟类，因为在我的视域中，湖自身已足够丰富，

④迎着冰雪绽放的白番红花 范书财摄

③野花密布的湖周草甸，让赛里木湖更加迷人 刘瑛摄

②远处的山峦，近处的繁花，湖周草甸也格外宜人 刘瑛摄

①春日的赛里木湖畔 范书财摄

| ① | ② |
|---|---|
| ③ | ④ |

可以忽略那些灵动的鸟儿所带来的欢呼雀跃。

隆冬时节的赛里木湖是让人震撼的，你可以想象一个巨大的镜面镶嵌在群山之中吗？是的，周围是被白雪完整覆盖的山峦。这一刻，山舞银蛇、原驰蜡象的景象，从诗句中走出来，迎面给了你一幅真实图景。赛里木湖冬季最让人惊喜的是湖面下那一个个巨型的冰泡。幽蓝的湖面下，层层叠叠的白色气泡被冻结，犹如巨型珍珠，在冰面下铺展开，这是一个独属于冬天的冰雪奇景。

其实，形成"冰泡湖"并不容易，需要满足各种条件。湖底要有茂盛的植被，微生物分解腐烂的植被释放出甲烷等气体。甲烷不溶于水，会从湖底涌向湖面。在高纬度、高海拔地区，气温骤降把湖水迅速冻结，甲烷等气体产生的气泡无处可逃，被困在冰层中，这才形成了独具魅力的冰泡湖景观。以上条件缺一不可。赛里木湖冬天气温达 −30 摄氏度，不仅海拔高，风还特别大，八九级的狂风将湖面打磨得光滑如镜，提高了冰层的透明度，更为冰泡提供了展示的"舞台"。尤其是傍晚的霞光与近处层层叠叠的冰泡相映衬，以群山为底布，在世间绘制了一幅精妙的抽象画。

从人文角度来讲，赛里木湖属于"资产丰厚"的那一类。在赛里木湖周围，自古以来就是塞种、月氏、乌孙、突厥等古代民族游牧射猎、繁衍生息的地方，也是古文化交汇之地。早在唐代，途经于此的丝

◎湖湾处，水变得清澈　刘瑛 摄

绸之路北道盛极一时，远征将士和骆驼商队由天山北路出入伊犁河谷，东往长安、洛阳，西去波斯、罗马。所以，你可以在环湖的区域看到多处乌孙土墩墓、石圈墓及成吉思汗西征时的点将台，更有清代乾隆年间在湖心岛建造的靖海寺、龙王庙等古迹。

　　在丝绸之路北道往来途经的历代文人墨客，自然不会放过对这绝美景色的赞誉。李志常在《长春真人西游记》中写道"大池方圆二百里，雪山环之，倒影池中，名之曰天池。"而清朝大学士洪亮吉途经

◎春日裂冰时的赛里木湖面，如同镜子般映衬着周围的雪山　范书财 摄

赛里木湖时，直接写了一首《净海赞》，盛赞其为"西来之异境，世外之灵壤"。这些赞誉实不为过，或许在今天看来，还略显内敛。毕竟作为钢筋水泥丛林里的蜗居者，如今的人们正被华丽的世界所囚禁，被世俗的劳累所折磨。他们远离远古且真实的大自然太久，跋山涉水只为来看看这一面湖水，感受大地深沉悠久的节奏。他们所被触动的，是来自心灵深处对自然的敬意，而溢于言表的，也是身心得到满足后的感悟，浓烈且直白，不留余地。

## 03

瀚海有明珠

1640 多平方千米的水域面积让博斯腾湖摘冠成为中国最大的内陆淡水吞吐湖，在亚洲中部干旱区营造了一幅苇翠荷香、渔歌唱晚的画面。

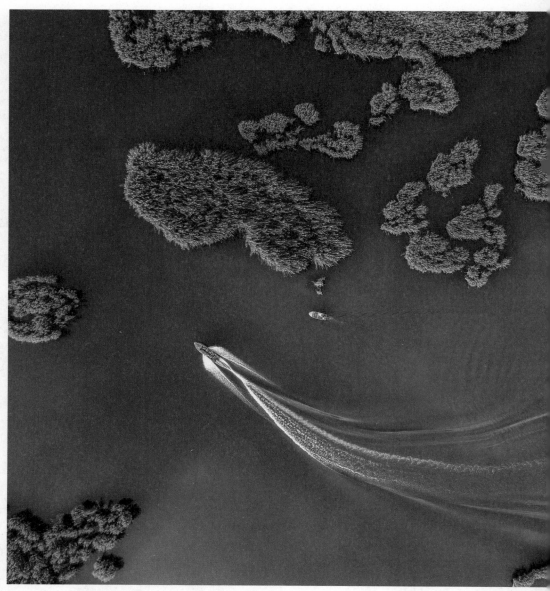

◎孔雀东南飞，博斯腾湖小湖区　沙波 摄

"芦苇晚风起，秋江鳞甲生。残霞忽变色，游雁
有馀声。戍鼓音响绝，渔家灯火明。无人能咏史，独
自月中行。"唐代文学家刘禹锡的这首《晚泊牛渚》，
用短短 40 个字，把那种风吹芦苇，水波荡漾，残霞
变色，明丽中自有凄清，清新中暗含萧瑟的韵味，表
达得淋漓尽致。我在初秋的黄昏，乘船游览博斯腾
湖时，徒然觉察，眼前这一切如此完美地映衬了这
首诗的意境。

或许，这就是我迷恋古诗词的缘由，寥寥数字
便能描绘出一幅富含深意的画卷，而看到类似美景，
也总能在记忆中寻出几句诗词，与之呼应。比如，眼
前秀美的博斯腾湖……

在整个亚洲中部干旱区，博斯腾湖属于为数不
多的大型淡水湖，1640 多平方千米的水域面积，也
让它摘冠成为中国最大的内陆淡水吞吐湖。干旱区
的淡水湖有其特殊的功能，不仅是珍贵的淡水资源，
还具有保护区域生态和环境的功能，也可作为水圈、
大气圈、冰冻圈、生物圈和人类圈之间联系的纽带。

博斯腾湖（Bosten Lake）位于天山南麓的博
湖县境内，地理位置为东经 86°42' ~ 87°26'，北纬
41°49' ~ 42°09'。博斯腾湖自古闻名，郦道元《水经
论》中写道："《山海经》曰：敦薨之山，敦亮之水出
焉，而西流注于泑泽。出于昆仑之东北隅，实惟河源
者也。二源俱道，西源东流，分为二水，左水西南流，
出于焉者之西，径流焉者之野，屈而东南流，注于

敦薧之渚。"这里的"敦薧之渚"指的就是博斯腾湖，它到了清代中期才定名为"博斯腾湖"，蒙古语称"博斯腾淖尔"。

从地质学角度看，博斯腾湖属中生代断陷构造湖泊。《中国新疆河湖全书》中记载，湖区为内陆荒漠气候，多年平均降水量为 68.2 毫米，水面蒸发能力为 1395 毫米。湖泊形状近似一个三角形，水域辽阔。而整个博斯腾湖流域都处在一个封闭的山间盆地——焉耆盆地之中，地形北高南低。而博斯腾湖也是焉耆盆地大小河流的汇集地，由于流域自然地理条件的差异，从盆地四周进入的水量不同。第三次新疆综合科学考察的实地调查资料显示，博斯腾湖有 90% 以上的水来自开都河，其余则来自天山南坡的乌拉斯台河、黄水沟、清水河、曲惠沟和乌什塔拉河等小河，博斯腾湖水量的变化主要受开都河来水量的影响。

事实上，博斯腾湖是分为大、小两个湖区的。大湖区是湖泊的主要部分，水域辽阔，被誉为"浩瀚荒漠中的明珠"。而小湖区则由那木肯诺尔湖、达乌逊诺尔湖、特热特诺尔湖等组成，统称为"西南小湖区"。小湖之间都有支流互相沟通，苇翠荷香，一派世外桃源的景致，也是中国四大苇区之一。

文章开头我所目睹的景致，便来自小湖区。这里芦苇资源丰富，每年生产大量优质的芦苇。有的芦苇亭亭玉立、临水而居，而有些则过于"高大威猛"，居然长到了三五米高。初秋时节，迎着夕阳乘船涉水，苇花荡漾在秋波里，耳边时不时地传来银鸥的鸣叫，小船悠然漂浮在湖面，风拂过面庞，恍然之间，将内心世界与色彩斑斓的自然相融于这图景中。那一刻，会觉得自己虽渺小却可贵，体会与天地万物共生的安宁。唯有在自然面前，人的谦卑是真实的，没有故作谦和的虚伪，没有来自根源上的不服与拧巴，因为太了解，我们可以改变的自然，不过是与人类相关的部分。在绝大多数情况下，沧海桑田的变迁，是不以人类的意志为转移的。

除了荡漾着的芦苇，满湖的睡莲也是博斯腾湖的

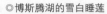
◎博斯腾湖的雪白睡莲

◎博斯腾湖的睡莲是一大盛景　范书财 摄

一大景致，这里是野生睡莲的重要栖息地，分布面积有 8 万亩之多。当前国内人工栽培的睡莲品种很多，但野生睡莲资源因受生境破坏的威胁，已成为珍稀种质资源了。而分布于博斯腾湖的野生睡莲，有个很好听的名字，叫雪白睡莲（*Nymphaea candida* C. Presl），属于睡莲科睡莲属的多年生浮水植物。它的叶柄非常柔软，白色的花瓣呈多轮，有 20～25 片，贴生且半沉没在肉质杯状花托里。它的种子很有趣，会在花朵凋谢后，在水下结出一个乒乓球大小的海绵质浆果，把坚硬的种子藏在里面。

每到盛花期，翠绿的睡莲叶片铺满湖面，雪白睡莲星星点点地布于其上，在阳光的照射下闪闪发光。风吹莲动，鱼戏水中，鸟舞翩跹，暗香浮动，好一派湖光水韵、苇翠荷香的江南水乡画卷，让你忘了，此时此刻仍身居沙漠瀚海腹地，而非鱼米江南。

博斯腾湖里另一种引起我关注的植物是黄花狸藻（*Utricularia aurea* Lour.），它的黄色花朵形态奇特，长在细长的花葶顶端，高高地探出水面。黄花狸藻是一种食虫植物，因为没有根，所以随水漂流，一般有 1 米长，除花序外，都沉于水中。开花之前，它默默地隐没于水面之下，利用枝条上的一个个球形捕虫囊，捕捉小型动物并消化吸收，静静地积蓄养分，为伸出水面开花做准备。让我吃惊的是，它居然在这里形成了大面积的优势群落，按理说，此地并非它的原生地，它是怎么来的，为何又那么繁茂？

◎黄花狸藻（ *Utricularia aurea* Lour. ）

我有些疑惑，也有些隐隐的担心……

　　除了苇翠荷香之外，渔歌唱晚可能是博斯腾湖的另一张面孔。到了这里，鱼当然是不能忽略的主角。有关渔业的资料记录，1962 年前，博斯腾湖仅有 4 种土著鱼类，即长身高原鳅（ *Triplophysa tenuis* ）、叶尔羌高原鳅（ *Triplophysa yarkandensis* ）、塔里木裂腹鱼（ *Racoma biddulphi* ）和扁吻鱼（ *Aspiorhynchus laticeps* ）。而自 20 世纪 60 年代起，当地的水产部门为增加湖区鱼类资源，直接或间接地从长江流域引入鲤、鲫、鲢、鳙、草鱼、青鱼、鲂等鱼类，从北疆引入贝加尔雅罗鱼、银鲫、赤鲈、丁岁、拟鲤等鱼类。这在一定时期，确实推动了当地渔业的快速发展，夕阳之下，渔民乘着小船下网捕鱼的场景，不仅唯美而且颇具经济价值。

　　但是近十余年来，科学家在进行水产调查的时候发现，博斯腾湖鱼类资源小型化问题日益突出，且一些土著鱼类如扁吻鱼遭到了严重的生存危机。鱼类资源小型化是国内外普遍存在的一个渔业和鱼类生态学问题，鱼类小型化不仅使水体鱼产力下降，也会使水生生物群落组成发生变化，进而对水域生态系统的结构和功能产生影响。水利工程建设、过度捕捞、栖息地和产卵场的减少等因素均会造成鱼类资源小型化。好在这些变化引起了当地的关注，采取了一系列措施维护渔业生态的正常秩序，保护博斯腾湖渔业资源的可持续发展。

鱼的故事还在继续，而湖边成群的鸟类是挥也挥不去的印记。只要站在湖边，抬眼便能看到沙鸥、白鹭、野凫掠过湖面，仿佛轻撩湖水的裙裾，形成

◎夕阳雁影　沙波 摄

一圈圈的水韵，占据你的视线……

有水有草的淡水湖博斯腾湖，天然便是鸟类的天堂。候鸟每年都会早早来到这里，天鹅、麻雁、绿头鸭、鹊鸭、白眼潜鸭、大白鹭、苍鹭、鸬鹚、红嘴鸥、白鹳等 120 余种鸟类栖息于此，繁衍生息。而诸多鸟类中，我特别想写一写的是白鹭。或许，是因为湖中有一个很美的区域叫白鹭洲。

博斯腾湖的白鹭（*Ardea alba*），严格意义上是大白鹭，属于一种大中型涉禽，通身乳白色羽毛，一尘不染，常成单只或十余只的小群活动，显得十分高傲，也因此多了几分仙气。大白鹭在飞翔的时候，有种独特的美，我国古代《诗经·周颂》中就用"振

◎博斯腾湖的"捕鱼者"　范书财 摄

鹭于飞，于彼西雍"来形容它飞翔时的气势不凡。大白鹭只喜欢在白天活动，于湖边浅水处漫步，颈部收缩成一个标准的"S"形，捕食的时候，眼睛一刻不停地望着水里活动的小动物，然后突然伸出长嘴向水中猛地一啄，一副"稳、准、狠"的派头将食物啄入嘴中。

新疆野生动物学家马鸣研究员长期从事鸟类野外观察。他告诉我，偶尔在繁殖期，会见到多达百余只的大白鹭集群，其他时候很难看见它们群居。这么说来，博斯腾湖一定是大白鹭爱极了的栖息地，因为在这里看到大批群居的大白鹭并非难事。也正因为它们喜欢在这里群居，整个湖区最美的部分被命名为"白鹭洲"。看来，美丽的景致不仅吸引人类，连鸟儿也会流连忘返。

确切地说，博斯腾湖既是开都河的尾闾湖，又是孔雀河的源头，其小湖区的水通过达吾提闸流入孔雀河，而大湖区的水则通过东、西泵站扬水输入孔雀河，而孔雀河是库尔勒市和尉犁县的水源体系。原来，博斯腾湖不仅孕育了湖区多姿多彩的物种和美丽的景致，更孕育了下游一条美丽的生命之河。

望着远处玫瑰色的天空中逐渐消失在我视野里的白鹭，突然觉得，博斯腾湖的美，既富含生命的张力又有几分说不清的凄凉。为什么当群鸟掠过天空之时，当鱼儿在水中欢腾之际，当满眼的睡莲在阳光下闪闪发光，人们会从心底涌起难以名状的激动，这些画面、声音之所以如此富有吸引力，是因为它们与人类紧密相连，它们以一种非常微妙的方式激发着人们的原始情感，用一种特殊的方式给予人们心灵的慰藉。而如今，在经历了太多现代化的洗礼之后，我们很难能轻易体味那种原始情感。

一度干涸的台特玛湖，曾经黄沙漫天，尘烟滚滚，一派荒凉颓废的景象。经过塔里木河和车尔臣河 30 年的应急输水，台特玛湖重现生机。

◎台特玛湖的夕阳　范书财 摄

　　很难想象，我是站在一个地处塔克拉玛干大沙漠腹地的湖泊旁。成群的水鸟在湖面上游弋，金秋的芦苇随风荡漾，碧色的湖水，仅有几片棉花糖一样的云朵懒懒散散地浮在空中。而远处的天空边缘，一如既往地带着某种混沌，即便是深秋，沙漠深处的天空也依然逃脱不了尘埃的浸染。是的，阳光明媚已是万幸。

　　而这湖水滋润了我的双眸，那是一双在干涸沙漠中疲惫不堪的眸子。我穿越荒漠一路寻它而来，只为看一眼恢复了水面的湖泊，它却给了我一个巨大的惊喜。众鸟游弋、芦苇荡漾、天蓝湖碧的画面，

让我不禁困惑，曾经荒凉孤寂的台特玛湖，究竟是一处人迹罕至的荒野，还是珍藏在人们心中一帧挥之不去的沙湖共存的盛景？

台特玛湖（Taitema Lake），又称"卡拉布浪海子"，位于若羌县铁干里克乡罗布庄西2千米的低洼地带，距若羌县城50千米，地理位置为北纬39°14'01"～39°25'20"，东经88°21'49"～88°34'16"，现为塔里木河、车尔臣河的尾闾湖。台特玛湖所在区域罗布庄位于库鲁克沙漠和塔克拉玛干沙漠之间，起到隔断两大沙漠合拢的作用。

◎塔河胡杨　申佳霖 摄

　　《中国新疆河湖全书》中记载，历史上，庞大的罗布泊洼地曾分布有北、中、南三个大型湖泊，罗布泊傲居于北且水位最低，喀拉和顺湖则居中，而最南边的就是台特玛湖，历史考证这三个湖的水流是相通的。清代《新疆图志》记载台特玛湖："由卡啬入罗布卓尔约千里有余，虽不通舟楫，夏涨而冬不枯。"这说明当年车尔臣河是先流入台特玛湖，再经喀拉和顺湖流入罗布泊的。

　　据史料记载，1921 年，塔里木河在上游尉犁县境内的赛依拉克处决口，形成汊流拉因河，经拉因河，塔里木河部分河水入孔雀河后直接流入罗布泊。

◎如脱缰野马般冲进台特玛湖的河流　文兴华 摄

而到了 1952 年，尉犁县在塔里木河中游修筑了轮台大坝，迫使分流的塔里木河水复归塔里木河干流河道，再经铁干里克镇、若羌县阿尔干流入台特玛湖。

科研人员在 1959 年开展实地调查时，台特玛湖的水面面积还有约 80 平方千米。后来，他们将历史资料和 1983 年拍的航片及实地考察资料结合起来分析，发现台特玛湖在近 100 年来的面积变化非常大，湖水面积最大时达到 150 平方千米，但也曾一度因为上游断流而长期处于干涸状态。

事实上，从地图上看，台特玛湖似乎并不缺少

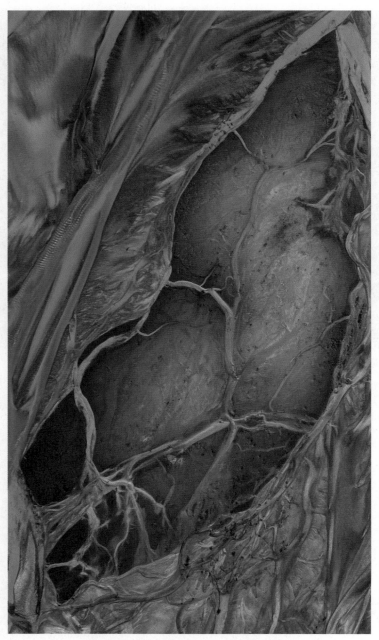

◎ 车尔臣河汇入台特玛湖的入湖口，纵横交错，犹如错落的叶脉　文兴华 摄

水源，其北有塔里木河，西南有车尔臣河、瓦石峡河，南有若羌河和喀拉米兰河。但真正能流入台特玛湖的水源微乎其微，上游的任何一点风吹草动都会影响它的水源补给。其原因也是显而易见的：台特玛湖地处亚洲中部干旱区腹地，属于暖温带极端干旱的大陆性气候，其流域内的年均降水量仅为 23.33 毫米，而年蒸发量却高达 2673.2 毫米，是降水量的 126.3 倍。降水极为稀少，而蒸发却异常强烈，在这样的情形下，想要保障其湖内水面，则完全依靠上游各路河流的补给。

更雪上加霜的是，台特玛湖周围不仅蒸发量极高，而且还是塔里木盆地风沙天气最频发的区域之一，年均 17 米 / 秒以上风速的大风天就多达 30 天。每年的 6—8 月是台特玛湖的大风季节，在风速 17 ~ 25 米 / 秒的狂风吹拂下，一度干涸的台特玛湖黄沙漫天，尘烟滚滚，一派荒凉颓废的景象。

其实，60 多年前的台特玛湖是塔克拉玛干沙漠中的一景，连片的湿地，碧绿的湖水，成群的水鸟和丛生的芦苇、柽柳等，构成了沙漠中一幅绮丽的画卷。1972 年对台特玛湖来说是一个重要的转折点，大西海子水库完成扩建，导致塔里木河下游 320 千米的河道断流。原本沿塔里木河下游水域生长的胡杨林，是世界上面积最大的胡杨林，因塔里木河断流缺水而大面积死亡，沿岸的天然绿色植被濒临毁灭。台特玛湖也因此失去了主要水源，仅车尔臣河、若羌河在春、夏汛期有水入湖，导致湖泊水域逐渐缩小，湖周植被迅速衰退，大部分湖盆区成为裸露的荒沙地。到了 20 世纪 80 年代，台特玛湖几近干涸，湖底表面形成了一层松软的盐壳，底下为疏松沙层，在风力吹蚀下，极易起沙，草丰水美的塔特玛湖沦落成风沙源地之一。

塔里木河流域作为中国乃至世界上生态最脆弱的地区之一，尾闾湖台特玛湖的水域面积的变化能直观反映塔里木河流域自然环境的变化。塔里木河下游的断流和台特玛湖的干涸，一度引起国内的广泛关注。2001 年 2 月，国家决定投入 107 亿元对塔里木河流域进行综合治理，治理的目标之一就是尾闾湖台特玛湖水面逐步恢复，以此结束塔里木河大西海子水库以下 320 千米河道多年持续断流的历史。

河流治理从来都是一个艰辛且复杂的工程，而现代河流治理当然要用到先进的科技手段，中国科学院新疆生态与地理研究所陈曦研究员团队和新疆水利厅的科研团队通过遥感监测、流域调研和数据收集等，形成了数字化调控模型，将整个流域水的调控和调配功能放在一个中控室中，通过数据库对流量进行计算和合理化估算，根据情况在中控室内对任意一个水闸进行操作，让科学调配水资源实现了远程有效调控。在科技力量的帮助下，塔里木河综合治理工程见到了成效。台特玛湖的水面积由 2000 年的 58.79 平方千米增长至 2020 年的 340 平方千米；

生态输水以来湖周边平均地下水埋深从 2000 年生态输水初期的 9.3 米逐渐抬升至 2017 年的 0.5 米。

经过塔里木河和车尔臣河的应急输水，台特玛湖重现生机，曾经湖滨枯萎的柽柳灌丛抽出了新枝；远处沉睡的胡杨林渐渐苏醒，湖区内大面积的芦苇幼苗焕发出盎然生机。而水面上，再现了大白鹭、苍鹭、绿头鸭、赤嘴潜鸭、白眼潜鸭、红嘴鸥、红脚鹬、金眶鸻、燕鸥、鸬鹚等水鸟群的身影，甚至偶尔还有天鹅光临。2021 年 9 月，台特玛湖曾一度迎来上万只水鸟，清澈的湖水、远处的荒漠、秋季湛蓝的天空、卷舒自如的云朵、姿态逍遥的水鸟构成了一幅沙漠"水乡"的绮丽画卷，让人流连忘返，也就有了本章开头描绘的沙漠深处湖泊中，沙湖共存的画面。那些曾经一度在荒漠中迷失了方向的鸟儿，又寻觅到了自己的生存佳境。

据塔里木河管理局相关数据显示：2000—2021 年，台特玛湖累计入湖水量为 48.49 亿立方米，年均入湖水量为 2.2 亿立方米，其中，塔里木河累计入湖水量为 20.81 亿立方米，年均入湖水量为 0.94 亿立方米，占比 42%；车尔臣河累计入湖水量为 27.68 亿立方米，年均入湖水量为 1.26 亿立方米，占比 58%。这些水量的输入破解了台特玛湖的困局。塔里木河流域管理局的工作人员对台特玛湖湖面变化简单地总结为一句话：湖面干不干看车尔臣河，湖面大不大看塔里木河。台特玛湖生存环境的破坏和恢复，都从深层次向我们传递了一个信息，人类活动对自然环境

的影响是巨大的，特别是在那些与人类生活息息相
关的自然区域里，人的认知和行为几乎起到了决定
性的作用。

　　前文说到台特玛湖周围风力较大，在其干涸的
湖盆里，有一种名字极富诗意的沙丘，叫风影沙丘。
但事实上，这种沙丘与诗意毫无关系。台特玛湖区
域的风影沙丘是风蚀荒漠化过程的重要产物，一般发

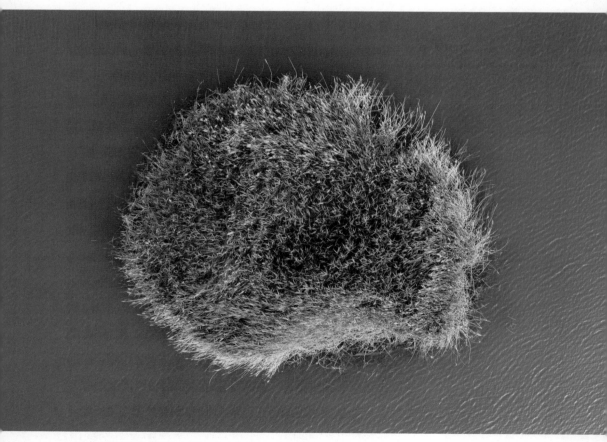

◎流落在湖中的芦苇荡"小岛" 文兴华 摄

154

育于干涸河漫滩及干涸河道周边。其头部植被一般以盐穗木（*Halostachys caspica*）、多枝柽柳（*Tamarix ramosissima*）和碱蓬（*Suaeda glauca*）为主，形体狭长，形似蝌蚪状，"头"大"尾"长，中部凸起，两侧对称，平均高度最大不超过 50 厘米，最小仅 19 厘米左右。虽然比不上那些高大的沙丘，但它们对台特玛湖区域的风沙运动和沙漠化的发展起着重要

◎生态复水后的塔河胡杨，愈发茂盛　申佳霖 摄

◎成群的水鸟在湖中嬉戏　文兴华 摄

的阻滞和延缓作用，可谓小而精。研究发现，在风影沙丘发育的过程中，多枝柽柳、盐穗木、碱蓬这3种植物单株的阻沙能力最强的还是多枝柽柳。

　　从物种基因的角度看，位于两大沙漠之间的台特玛湖，是塔里木河下游野生动植物重要的栖息地和物种基因库，无论是在丰水年还是枯水年，物种生存维持在一定规模都具有重要的战略意义。在2001年输水前，台特玛湖的湖区植物仅有2科3属7种，而输水后增至10科21属26种。除了输水前就原本存在的多枝柽柳、盐穗木、盐穗木外，输水后在湖区周围还长出了铃铛刺、胀果甘草、水葱、问荆和蔺状隐花草等植物，无论是植被盖度、植被密度还是植物的多样性指数都远远高于输水之前。这从一

◎横贯台特玛湖的公路　申佳霖 摄

个侧面印证了台特玛湖生态的恢复。

　　如今全长 24.558 千米的台特玛湖特大桥顺利通车，桥墩桩架着长桥跨越台特玛湖，从空中俯瞰，那桥像在沙漠碧湖上画了一条长长的直线，指向远方。我在湖周深一脚浅一脚地踩着沙子前行的过程中突然意识到，不论这周围的环境如何变化，对于浩瀚的塔克拉玛干大沙漠来说，都司空见惯。它感受过当年楼兰的繁华，领略过罗布泊洼地三湖的盛景，所有这些不过是它所熟悉的生命中的一瞬间。在沧海桑田的变化中，只有人类会感受到变化起伏带来的巨大影响。所以，即便是我们通过努力恢复了台特玛湖的生机，其实也不过是给人类自己一个更好的生存环境，与自然同行的过程中，且行且珍惜！

曾经水域广袤的罗布泊为何会迅速干涸并形成"地球之耳"？作为中国四大无人区之一的它，经历了怎样的变迁？这一直是人们心中的谜团。

◎罗布泊里出现的小湖泊　范书财 摄

　　沙尘携着时空的光影，从远处以迅雷不及掩耳
之势弥漫过来，刹那间，昏天暗日。来不及躲避，便
已被细如烟尘的黄沙裹挟，周身的每一个毛孔都被
沙尘灌满，呼吸极度困难。隔着车窗，我的目光如此

迷茫，视线穿不透半米距离，似乎世界就此戛然而止。我试图穿越中国四大无人区之一的罗布泊，前往探寻野骆驼的踪迹，领略一下现代化的罗布泊钾盐基地。但在途中的第一天，就经历了一次强沙尘暴，时至今日回想起那情景，仍觉得后怕。

但是偶尔回忆，我会感觉那是一场关于时空的穿越。我沿途而行，在荒芜人烟的天地之间，和大海道的雅丹群相遇，与狂野的沙尘暴纠缠，远眺楼兰古城周围的新月形沙丘，聆听罗布泊大峡谷的自然之声。那时那地，我感觉自己的人生恍若隔世，好像重新进入另一个时空，在一种绝对空灵的状态下与天地对话，触摸最真实的自然肌体。

是的，我在毫无防备的情况下，靠近了罗布泊，它一开始便狠狠地给了我一个教训，让我彻底丢弃人类的自以为是，知晓了人类的渺小无力，转而用一种虔诚的姿态，去面对这荒芜裸露的大地，去面对那神秘莫测的荒野。

说到罗布泊，人们的第一反应大多是"地球之耳"。是的，比起万顷碧波干涸消失更加引人好奇的，是那酷似人耳的照片。1972 年 7 月，在美国宇航局发射的地球资源卫星拍摄的罗布泊的照片中，罗布泊竟酷似人的一只耳朵，有耳轮、耳孔，还有耳垂。对于这只"地球之耳"是如何形成的，一时间众说纷纭。但比较可靠的观点认为，这只"大耳朵"就是全新世以来的罗布泊湖盆。它是罗布泊水面不断收缩的结果，由于罗布泊整体呈现东高西低的地形差，来水越来越少，罗布泊的湖面由东至西呈现同心圆状收缩，每收缩一次，就留下一道波状的湖滨，结果就出现了一道道的"耳轮"，其轮数在北部最多，达到8道。干涸湖床的微妙地貌变化，影响了局部组成成分的变化，也影响了干涸湖床的光谱特征，从而就形成了一只"大耳朵"。

　　罗布泊（Lopnur Lake），位于塔克拉玛干沙漠东缘、库木塔格沙漠西北端大洼地北部，地理位置为东经 90°09'55" ~ 92°10'30"，北纬 39°45'10" ~ 40°45'40"，古名为"蒲泽""涸海""盐泽"等。蒲泽是指湖水

◎罗布泊的钾盐工厂　范书财 摄

颜色而言；盐泽是盐水湖之意。元代以后其被称为
"罗布淖尔"，是蒙古语"百水汇集的湖泊"之意，直
到近代才开始称为罗布泊。

　　从地质学角度看，罗布泊洼地形成于晚更新世
或全新世初期，是新构造运动影响下由断裂形成的
一个构造坳陷区，面积约在 20 000 平方千米以上。
《中国新疆河湖全书》中记载，盆内分割成几块洼地，
南端为台特玛湖，中部为喀拉和顺湖，而罗布泊则
是处于北面最低最大的一个洼地内。曾经塔里木河、
孔雀河和车尔臣河都有水汇入罗布泊。而发源于阿
尔金山的喀拉米兰河、若羌河、瓦石峡河等河流也

◎如今湖水很浅，随手可以抓起一把盐　范书财 摄

曾经注入罗布泊洼地。所以，根据考证，罗布泊的
湖面面积最大时达到 5350 平方千米。

　　不过，虽然在历史上罗布泊非常广袤，但湖水
却很浅。塔里木河东流注入罗布泊后，湖水在偏北部
较深，但也只有 2 米左右，在稍微偏南的地区，最
深处仅 0.65 米左右。这么看来，即便是在水面丰盈
的时期，罗布泊也不过是一个面积很大的浅水池子。
这也是在水源断流之后，罗布泊会迅速干涸的原因。

　　在越野车上颠簸得五脏六腑错位的时候，我很
难想象在路途并不通达、交通极为不便的年代里，
普尔热瓦尔斯基、科兹洛夫、大谷光瑞、斯文·赫

◎罗布泊的雅丹地貌形如幻影

定、贝格曼、斯坦因和亨廷顿等人是如何进入罗布泊的。而现今看来，这么荒芜的地方，怎么会是连接陆上丝绸之路东西交通的重要节点，还曾在中外文明交往中发挥过巨大且重要的作用？

我陷在疑惑中不能自拔，车也突然陷入了沙子里，更加不能自拔。在等待后车救援的时间里，我试探性下车，去近距离触摸一下荒芜。举目望去，皆是荒漠，一道道清晰的沙波纹从我脚下向远处蔓延开来，在耀目的阳光下变成了金黄色，我仿佛是站在一片金色的海洋之中。只是那地表的炙热时时提醒我，这里是暖温带大陆性极端干旱气候区，是世界上最干旱的地方之一，此时的地面温度已接近 50 摄氏度。

　　说起金色的沙波纹，我突然想起罗布泊地区独具特色的羽毛状沙垅和新月形沙丘，这也是罗布泊地区的标志性地貌特征。羽毛状沙垅是因为沙垅在东北风的影响下，顺山坡向西南方向延伸，沙垅之间又近直角地分布了许多低矮的沙梗，从空中看下来，好似一支支巨大的羽毛散落在大漠之中。新月形沙丘最初只是一种较小的盾形沙丘，在定向风的作用下，

◎罗布泊无人区连绵起伏的沙丘

风沙遇到了草丛或灌木的阻挡堆起了小沙堆，随后
风从迎风坡面上发生吹蚀，在背风坡形成旋涡堆积。
而沙堆左右两侧又形成了向内回转的气流，使两翼
不断扩展，逐渐形成了新月形沙丘的形态。

在罗布泊的腹地楼兰古城的周围存在较多新月
形沙丘。公元6世纪，梁简文帝萧纲在其《从军行》
一诗中写道："鱼云望旗聚，龙沙随阵开。"描述的便
是这沙漠中集中降雨的濯鱼云和沙漠中军阵一样张

◎罗布泊千奇百怪的雅丹地貌

167

开两翼的新月形沙丘。尽管我惦记着西域三十六国之一的楼兰古城，那个古丝绸之路上曾经的贸易中转站，但因为相距我们要去的地方太远，我只站在越野车的顶上顺着向导的指头，远远望了一眼远处的新月形沙丘链，以及视线范围内看不清、隐藏在层层雅丹背后的楼兰古城遗址，便匆匆出发了。

车队继续前行，依旧是一望无际的漫漫荒野。眼前的荒芜，让人很难想象这里曾经是一片巨大的水面，但关于罗布泊，历史上的记载并不少。班固在《汉书》卷九十六的《西域传》中记载："蒲昌海，一名盐泽者也，去玉门、阳关三百馀里，广袤三四百里。其水亭居，冬夏不增减。"而《水经注》中也有泑泽"其水澄淳，冬夏不减"的记述。到了隋唐时期，关于罗布泊的记载就已转变画风了。隋裴矩在《西域图记》中叙述盐泽一带："并沙碛之地，绝水草难行，四而危，道路不可标记。"但当时的罗布泊并未消失，而是在湖盆里时大时小地存在着。1930—1931 年，陈宗器到罗布泊考察，在《罗布淖尔与罗布荒原》中记录当时罗布泊的水面约有 1900 平方千米。1959 年，中国科学院新疆综合考察队在罗布泊北岸考察时，见到的还是烟波浩渺、水鸟成群、风光如画的景象。1962 年我国航测的二十万分之一地形图上，罗布泊的面积是 660 平方千米。但自 20 世纪 60 年代以来，因上游水利开发等原因，各源流相继与罗布泊脱离地表水力联系，罗布泊失去了水源补给，完全干涸，湖底是一片白茫茫结着盐壳的碱土，成为广袤的盐湖盆。

罗布泊的大海道是无法回避的荒漠美景，说是美景不如说是奇境。但关于罗布泊的雅丹地貌，有太多的描述和太多震撼人心的大片。我在这样一种现实下选择失语，因为再绝妙的笔触也表达不了它的奇、险、怪、异，不如留一段空白，让雅丹上的沙砾线随着历史的脉络，向空旷的荒野畅叙心意吧！

即便是如此荒芜，当地也并非没有生物，科研人员通过实地调查统计，罗布泊有种子植物138种，物种数量最多的是柽柳属、猪毛菜属、蒿属和驼蹄瓣属的植物。而生活在这里的动物种类比我们想象中多了太多，居然多达127种，其中鸟类有96种。原来不是景象荒芜，是我们的想象力太荒芜，才会觉得这里没有生机。

事实上，我此行的最大目标是想去看看野骆驼，但很显然，扑空的概率极大。因为野骆驼在全球不过1000峰，而栖息于此的也仅600余峰，想在偌大的罗布泊寻到它的踪迹，着实不容易。野骆驼（*Camelus ferus*）隶属于骆驼科真驼属，是世界上仅存的野生双峰驼种，也是亚洲中部对极端干旱环境具有高度适应性的珍稀濒危动物。野骆驼体形高大，体重为600多千克。它身上的很多器官都"别具特色"，可用来应对干旱、风沙、食物稀少、高温中行走等。野骆驼的鼻孔中有特殊的瓣膜，可以随意开关，既能防风沙，又能保障呼吸顺畅；那双温柔的大眼睛居然有双重眼睑，可以单独闭上或睁开，风沙天它们也一样视力清晰，不会迷失方向；野骆驼的耳朵也不是等闲之辈，虽然小，却十分灵敏，即便是很细微的声响也能立刻引起它的警觉，而且耳朵还能折叠，里面密布着细毛，可以阻挡风沙的侵袭。

野骆驼的祖先始驼生存在大约数千万年前的北美洲。由于气候变化，在距今 400 万年时，始驼中的一支从北美洲出发，经白令海峡到达亚洲，并深入扩展到中亚和内蒙古高原较寒冷的干旱区，进化为双峰驼。我一路始终没有看到野骆驼，只在几丛骆驼刺旁，看到几坨被风干的野骆驼粪便，真是寻了个寂寞！

终于颠簸过一段盐壳路，司机告诉我罗布泊的工业核心区域差不多快到了，也就是我的另一个目的地——钾盐基地。但是，我惊奇地发现，车窗外的

◎野骆驼　李维东 摄

视线内有一大片水域延伸到天边。它又恢复生态了？还是我偶遇了海市蜃楼？我既惊喜又好奇。

这里有钾盐基地，是因为即便干涸了，罗布泊也为人类留下了巨大的财富。突然觉得它很仗义，而我们人类太无情。20世纪90年代末，地质工作者在干涸的罗布泊盐湖盆内，发现了世界上最大的硫酸盐型含钾卤水矿床，这一发现让人们在广袤的无人区建起了世界上最大的单体硫酸钾生产企业。如今，滚滚而出的肥料正滋养着中国近一半的土地。因钾盐的工业生产是将罗布泊的地下卤水抽取出来，吸出里面的盐分后再将净化后的水重新排放到罗布泊中，加上一些工业用水的注入，久而久之，便形成了一个面积达200平方千米的盐池。于是便有了之前我为之狂欢的、延伸到天边的水面。不过，水很浅，很多地方仅有十几厘米深，一伸手就可以从水里捞出一把洁白如雪的盐。

真正开始观望这一池盐水，已到了黄昏时分。我站在水边，看夕阳谢幕。太阳像一团火，渐渐落下去，水面反射出耀眼的红光，仿佛将岁月燃烧起来。今夜没有月色，苍穹之上繁星点点，湖边有些寒意。我沉默地望着望着失而复得的水面欲言又止，是的，似乎已经没有什么语言可以讲述这一路视觉和身心的冲击。和着荒野腹地的风声，我仿佛听到古老的时空中传递过来的低吟：生命的形式不止一种，或许，罗布泊在用这样一种形式重生。

## 04

高原泛蓝波

隐藏在世界上海拔最高区域的可可西里湖，人迹罕至，却水禽翻飞、动物群现，一派世外桃源的景象，是一片不被人类打扰的雪域灵壤。

©浩瀚的可可西里湖　陈浩 摄

你有多久没有静下心来，聆听荒野的呼唤？当蜗居在水泥森林中，面对困局却无法超脱的一瞬间，你是否怀念漫步荒野时的自在与放松？

　　我的父母常常困惑，为何现代人如此酷爱去无人区探险旅行，其实他们不知，走进荒野，对于当今的年轻人来说，不仅是对生存的挑战和感官的刺激，而且是一种避世。完整地处于荒野之中，可以让自己坦然面对自然，放下所有心灵的桎梏。特别是驾车在无人区驰骋时，感觉苍茫的天地间空无一物，耳边的风声、鸟鸣、飞沙走石的混响，不会觉得恐惧不安，而会感觉那声音像从悠久岁月中传来的回音，远远好过都市里的人声鼎沸。

　　是的，对于普通大众来说，去无人区或是一种避世，或是一种挑战，抑或是一种自我放飞。而对于科学家来说，去无人区意味着对地球环境的深入探索，对生灵万物的不断解读，对山川湖泊的重新认知，那是一个更加艰苦、更加具有深远意义的"旅途"。换一个思路来梳理对湖泊的认知，或许能让人们更加深刻地了解荒野不轻易展现出来的未知之美。所以，对可可西里湖的展现，我选择通过一位科研工作者的视角呈现出来……

◎可可西里湖畔，白云与湖水作伴　陈浩 摄

　　从地球科学研究的角度讲，青藏高原是一个巨大的实验场和天然课堂。这里有中国最密集的大型湖泊群，是世界上海拔最高的高寒湖泊分布区。近年的调查数据显示，青藏高原湖泊面积超过中国湖泊总面积的一半，其中大于 1 平方千米的湖泊超过 1171 个。青藏高原湖泊作为水循环的重要组成部分，对全球气候变化高度敏感，所以，这个湖泊密集区一直是我国湖泊与环境变化科研人员关注的热点区域。

　　2019 年 10—11 月由中国科学院青藏高原研究所牵头的第二次青藏科考湖泊演变及气候变化响应科考分队，对青海可可西里地区的主要湖泊进行了科学考察，首次获得了该区域大中型湖泊水下地形、水

◎科考船在湖面上航行作业，下面是一朵朵冰莲花　陈浩 摄

质剖面等数据，钻取了多支湖泊岩芯，填补了该区域湖泊基础地理信息的空白。这成绩当然是令人瞩目的，但整个历程的艰辛和危险，让参与这次实地考察的队员难以忘怀。而我们本章的主角可可西里湖，就是第二次青藏科考中"亚洲水塔"专题调查的重点湖泊之一。

可可西里湖（Kekexili Lake）位于可可西里自然保护区的中西部区域，湖心地理坐标为东经91°08'，北纬35°36'，属于半咸水湖。湖泊面积349.72平方千米，湖面海拔4891米，是冰雪融水注入昆仑山与可可西里山间断陷盆地形成的内流断陷湖。湖水因深度和盐度的差异，由湖岸至湖心呈现出浅蓝、蓝绿、靛青等不同的色带。

　　湖泊演变及气候变化响应科考分队是在 2019 年 10 月 15 日由青海省境内沱沱河以北的二道沟进入可可西里自然保护区的，历经了 32 天，行程 1400 千米，考察路线覆盖了可可西里自然保护区的全境。可可西里湖属于高寒冻土地带的寒冷气候，湖区附近是荒漠沼泽草原地带。科考队在 11 月初进入湖区周围时，湖面已经初步冻结了。当时的艰辛可想而知。科考队成员陈浩博士在描绘当时的情景时，现场的艰辛画面扑面而来。他们到达可可西里湖畔时，整个考察队已在气温 –20 摄氏度的可可西里无人区的各个湖泊之间反复作业了 23 天之久。在可可西里湖畔他们驻扎了 7 天，不仅要在开始结冰的湖面作业——测量水深及水体化学成分，还要在这里钻取一根长岩芯，我们可以想象科考队员的疲惫。用陈浩博士自己的话说："在冰天雪地的荒野中，大半个月没有洗澡换衣服，大半个月手机没有信号和网络，这对年轻人来说简直是受罪。"

　　基于科考的严谨性和重要性，一般在特殊地区科考出野外的装备都比较先进，但遇到恶劣的天气和地形，再先进的装备一样会"深陷泥沼"。在接近可可西里湖的途中，科考队员发现地面的草原植被覆盖度已经降到了很低的水平，不少地方完全是沙地，地面也非常不平整，加上又被积雪所覆盖，让一切沟坎和危险都隐藏在了茫茫雪野之中。本来是一早

◎湖面上的冰莲花　陈浩 摄

出发的，但带头车辆却数次陷入雪窝子。科考队员磕磕绊绊地于中午时分才到达可可西里湖北岸的湖湾。而彼时，湖面似乎刚刚出现冻结，直到他们安营扎寨弄好营地才发现，湖中间还是蔚蓝色的湖水，泛着层层波浪。

但是，严寒阻挡不了发现美的眼睛，陈浩博士在营地附近的湖湾拍摄到了大片厚度小于1厘米的浮冰覆盖着湖面，而这些浮冰由无数个六边形的冰莲花相互拼接而成，向湖心延伸，美美的视觉大片就这么在苍荒旷野中展现在人们的视线中。在科考途中遇到的美当然不止于此，但看多了满目荒凉的景色，遇到这样的美景，瞬间便会激荡心中的情绪。美国自然文学家奥尔森在他的代表作《低吟的荒野》中写道："在众鸟南飞、夜色朦胧的晚上，我听到荒

◎无人区是野生动物的天堂

野的吟唱，鸟群的啼叫，激活了夜空。我在薄雾渐消
的黎明、繁星低垂的寒夜，捕捉到荒野的吟唱。在缓
缓燃烧的火苗中，在敲打在帐篷上的雨滴中，感受
到荒野的吟唱。这吟唱是众心所向的某种内心渴望，
而现在却悄悄离我们而去。"我想，这些来自大自然
的美妙声音和美丽图景，曾无数次在科考途中挑动
科研工作者的心绪，让他们不顾艰险，一次又一次
进入荒野，去探索未知世界的奇妙。

　　科考队开始湖上作业的时候，可可西里湖的整个
湖湾已经结冰，冰面还在向湖中间蔓延。但这天寒地

冻并没有阻挡住科考队员进入湖区的脚步，陈浩博士和其他队员分批乘坐橡皮筏进入了主湖区。航行中，湖面上的厚冰多次将测深仪器的探头打歪，并与船底的螺旋桨发生碰撞，在水深20多米的高原湖泊深处，危险随时可能发生。因为船是迎着浪走，浪花溅到科考队员身上，结成了一身冰铠甲，−20摄氏度穿着冰铠甲在湖面上穿行，那种彻骨的寒冷是我们无法想象和体会的。

在艰辛地克服了各种困难和险阻后，科考队最终完成了对可可西里湖的水下地形测量，并钻取了一根湖泊岩芯，而这根湖泊岩芯有望反映过去一万年以来该区域气候变化和湖泊环境演化的过程。这是我国科学家首次对可可西里地区的湖泊进行全景式扫描，相关研究为"亚洲水塔"湖泊变化、三江源国家公园建设、区域水资源利用和可持续发展提供了坚实的基础数据。而那过往的一幕幕，则永久性地镶嵌在了科考队员的心中，那是他们步入荒野的战果，也将在未来成为一座心灵的丰碑。

应该说，从不同的科学角度看，可可西里湖具有不同的研究价值。湖泊研究者探寻的是它在环境演变中记录气候变迁的价值。而对于生物学研究者来说可可西里湖也独具魅力，这里不仅是多种珍稀高原野生动物出没的地方，更是青藏高原明星物种藏羚羊的栖息繁衍之地。

可可西里无人区是中国最著名的四大无人区之

一，不法之徒曾一度在此将"魔爪"伸向藏羚羊，好
在后来成立了青海可可西里国家级自然保护区，保
护藏羚羊、野牦牛等珍稀野生动物、植物及其栖息
环境。这在某种程度上，斩断了不法之徒的"魔爪"，
也使可可西里成为世界上原始生态环境保存完好的
自然区域。

优雅灵动的藏羚羊为何会受到"魔爪"的侵扰？
源于它直径仅 7 ~ 10 微米且弹性好、保暖性强的羊
绒。用这种羊绒纺纱做出的标准披肩可从一个戒指
中拉出，也被称为"戒指绒披肩"。国际市场上，这
样一条披肩的售价通常在 2000 ~ 3000 美元，藏羚羊
的羊绒因此被称为"软黄金"。然而，每只藏羚羊身
上也只有 100 ~ 150 克绒毛，做一条披肩需要 3 ~ 5
只藏羚羊的绒毛。在暴利驱动下，20 世纪八九十年
代，每年约有两万只藏羚羊被不法猎人偷猎，拿去
"薅"羊绒了。随着保护力度加强，2021 年我国藏羚
羊数量已从 20 世纪末的不足 7 万只增加至约 30 万只，
从濒危物种降级为近危物种。

近年来，科学家在对藏羚羊的观察中发现，怀
胎的藏羚羊向可可西里腹地的集中产仔区迁徙的时
间越来越提前，已从过去的 6 月中旬提前至 5 月初。
科学家猜测，这可能与全球气候变暖，尤其是近几
年青藏高原气候明显变暖有关，但提前迁徙对藏羚
羊繁衍有什么特殊意义，还在进一步研究中。

可可西里湖区水禽翻飞、动物群现，一派世外

桃源的景象，其实，人类是很难见到的，因为那是不被我们打扰的雪域灵壤。有幸，我们可以通过科学家的视角去打量这荒野，感悟这荒野，解读这荒野，了解它的山川湖泊，了解它的风声水语，了解那些飞禽走兽。比起我们舒适而充满诱惑的现代生活，科学家那些用艰辛和忙碌填满的日日夜夜，更能体现人生的厚度和广度。在透骨的寒凉之夜，他们仰望苍穹看流星划过夜空的瞬间，内心一定充满了我们久已向往的宁静。

可可西里湖，一湾我未曾谋面的湖水，你若安好，便是晴天……

水体巨大的青海湖，一个换水周期需要 20 年左右，这必然使其有着原发性的生态环境脆弱特征，所以它的生态状况总在波折迂回中不断变化着。

◎远远望去，居然有几棵大树——青海湖畔难得有长得高大的树木　刘瑛 摄

"一条河随着相思倒淌，心事被一滴泪收藏，别样的情怀，涟漪着蓝色的波光，夜风倾诉于苍茫里，尘寰的幽梦在湖水中上涨，回归的水鸟撞碎圆月，漂出三百岁月的寒凉。一个难寻的踪迹，留给后世不尽的猜想，你穿越时空的诗句，将我的情思无限拉长，一缕光阴，写下你一世孤寂的情殇，留下我忧愁的张望……"一诗中，将一池碧水的高原湖泊青海湖，写得情深似海、百转千回，着实让我有些感慨，明明是高原上充满粗犷和豪迈气息的咸水湖，怎会这般幽怨婉转？或许，这是一个充满故事和传说的湖泊。

带着这样的疑惑，我踏上高原，想要探寻究竟。果然，从西宁出发的一路上，司机师傅嘴里的各种传说就没有断过，每走过一个小山包，都会多出一段传说，或者多出几个神仙来。感觉自己不是去探湖，而是去"取经"的。而他絮絮叨叨的故事，某一瞬间戛然而止。原来车窗外已经能看见湖水了，他决定把时间留给我欣赏景色，选择了沉默。

青海湖的7月是游客眼中最美的时节，于我而言却不一定。美是毋庸置疑的，可吵闹也是毋庸置疑的。成千上万叽叽喳喳

◎倚着山峦，面向湖水，徜徉在油菜花丛中，是一幅美妙的图景　刘瑛 摄

◎ 油菜花成为绝对优势物种后，其他植物只能勉强为生了　刘瑛 摄

地踩踏着湖岸边的油菜花、披着各色纱巾冲向湖畔摆拍的游客，将原本宁静的一片湛蓝弄得人声鼎沸。这让我一度怀疑，栖息在青海湖的鸟类七月份繁殖完后代就飞走，是不是鸟儿发现自己的鸣叫盖不过人类的喧闹，干脆先避一避，另寻一处宜居之地。这当然不是真正的原因，只是这喧闹让人头昏，我一时迷糊开始臆想。

央求司机师傅带我们继续往前走，好避一避这喧闹，他惊讶地看着我问："这里不美吗？为什么要

◎清澈的青海湖水　刘瑛 摄

去别处？"我只好如实道明原因。车顺着盛放的油菜花继续驰骋了许久，而我目不转睛地盯着湖面，仿佛要从里面看出个湖怪来。其实，我是在思考。说是一个湖，它呈现出来的状态更像是大海，水面漫延到天际，在云卷云舒的尽头依旧看不到边界，作为中国最大的内陆湖泊，得多少条河汇入才能撑得起这么大的湖面？

果然我的猜测没有错，青海湖区内有大小河流近80条，是湖水的主要补给来源。发源于祁连山支

◎青海湖景区里招揽游客的布景　刘瑛 摄

脉的阿木尼尼库山的布哈河是流入湖中最大的一条河，还有沙柳河、泉吉河和哈尔盖河，据水文监测，这几条大河流入湖中的水量占总水量的 80% 左右。除了河水注入外，湖底的泉水和湖区的降水也有不容忽略的补给作用。但即便这样，因为湖区风大蒸发量过高，每年的湖水损失量超过 4 亿立方米。

终于，车停在一处风景宜人却游人甚少的地方，远处可以眺望到几个小岛，更远处则水天相接，看不到边际了。我穿过环湖的油菜花田，站在湖边，被这清澈的湖水惊艳到了。如果说赛里木湖的蓝色是无可比拟的惊艳，那么青海湖的清澈则是无可比拟的迷人。是的，科学数据印证了我的这个感受，青海湖的平均水深 20 米左右，而透明度却为 1.5 ~ 10 米。如此高的透明度，清澈感自然会跃入眼帘。

不仅是水质具备通透清澈的特点，从地质学和地理学角度看，青海湖也独具特色。青海湖古称"西海"，位于东经 99°36' ~ 100°16'，北纬 36°32' ~ 37°15'。《水经注》中记载："海周七百五十余里，中有二山……二山东西对峙，水色青绿，冬夏不枯不溢。自日月山望之，如黑云冉冉而来。"青海湖地处大通山、日月山、青海南山及橡皮山之间的断陷盆地内，是西风带、青藏高原季风区和东部季风区的交汇地带，也是中国西北部干旱区和西南部高寒区的交汇地带。所以，青海湖是维系青藏高原东北部生态安全的重要水体，它在保护生物多样性和珍稀物种资源，调节周边区域气候等方面都有着极为重要的作用，是研究青藏高原生态环境变化的代表性区域之一。这也让看起来很美好的青海湖，生态状况并非一以贯之地好，而是在波折迂回中不断变化着。

这变化首先来自水源，按青海湖现有地表水、地下水及大气降水的总量计算，它的换水周期需 20 年左右，而我国洞庭湖的换水周期只需要 20 天。如此长的换水周期，在世界大型湖泊中也是罕见的，这说明青海湖有原发性的生态环境脆弱特征，一旦完全失去平衡，靠其自身能力是不可能再恢复的。

而源自人类生产生活的影响也不可小觑。随着农牧业的扩张和相关加工企业的发展，当地的耕地开垦量、载畜量和工业污染排放量都曾一度超标，裸露的草场渐渐失去水源涵养能力，成为强烈的水分蒸发地和水土流失带。失去植被保护的土地在强劲风力的吹蚀下，加剧了沙漠化扩展的势头，沙漠的移动掩埋了很多湖滨沼泽，造成了湖周的土地沙化。随之而来的还有水质污染及富营养化、青海湖裸鲤资源日渐枯竭、珍稀野生动植物濒临灭绝……

好在人们及早醒悟，这一切都及时得到了控制，在当地多措并举的情况下，青海湖逐渐恢复了往日生机。科研人员根据水文监测和遥感数据比对发现，青海湖的面积在过去的 20 年时间里，增加了 300 多平方千米，增长率接近 7%，这在干旱区的湖泊中实属不易。

谈到生态恢复，第一个指征当然是物种。青海湖不仅是我国北方重要的生态屏障，也是中亚—印度、东亚—澳大利亚国际水鸟迁徙的重要节点和青藏高原水鸟重要的越冬地。当地开展的巡护监测显示，2021 年冬季，共监测到水鸟 30 种 18.99 万余只，较上年同期增加 36.5%。2021 年全年统计的水鸟总量达 57.1 万只，比上一年增长了 23.3%；而曾经一度爆出危机的青海湖裸鲤，也"满血复活"了，2002年青海湖裸鲤的资源蕴藏量仅为 2592 吨，到 2021 年其资源蕴藏量达到了 10.85 万吨；长着毛茸茸的大眼睛、角尖相向内弯的普氏原羚，一度濒危，近乎灭绝，2007 年在青海湖区监测的种群数量仅 300 余只，到 2021 年，湖区监测的种群数量已达到了 2800 余只。生态环境向好的势头从监测数据的纸面上，映射到

◎青海湖的鸟儿抢食也是一景

了愈发清澈的湖面上，让人惊喜，也感慨万分。

　　我站在湖边，望着远处的鸟岛，起起落落的水鸟在蓝天碧水的映衬下格外显眼。而我的脑海中却回响起蕾切尔·卡逊在《寂静的春天》里的那段话："地球生命的历史是一部各种生命与其生存环境相互作用的历史。很大程度上，地球生物的形态、习性都是由环境造就的。就地球的全部时间而论，生物对周围环境的反作用力相对较小。但随着工业化进程的不断深入，人类获得了改变世界的强大力量。如今这种力量不仅强大到令人担心，而且其性质已经发生了改变。"

　　诚如书中所言，我们恰恰就生活在这样一个"人

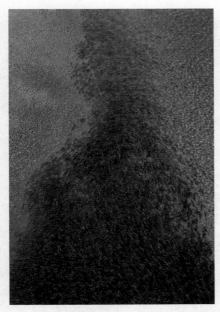

◎ 曾经大面积减收的青海湖裸鲤，种群恢复得非常快　范书财 摄

类获得了改变世界的强大力量"的时代，当人类继续向征服自然的目标进发时，书写了令人心疼的毁灭历史，不仅破坏了自己居住的地球，还伤害了与之共有家园的其他生物。我们亲眼目睹了这种强大力量所带来的副作用，以及大自然加倍"回馈"给人类的各种灾难和危机。好在越来越多的人认识到了人与自然和谐相处的重要性，并在为之而努力。

似乎一切都在向好发展，可我却无法兴奋。近一个世纪以来，全球平均地表温度持续上升，青藏高原地区的气温上升率为每 10 年 0.3 ～ 0.4 摄氏度，约是全球平均水平的两倍。这不是一个人类想阻止就可以减缓的进程。我们能做的是不要再无节制地掠夺大自然，不要再加速这个进程，让它慢一点，再慢一点。

鸟岛突兀嶙峋的巨石，在波光粼粼的湖中矗立着，这是一个喧闹、繁忙的世界，一如人类世界的忙碌与喧嚣。我突然领悟文章开头那首诗："一个难寻的踪迹，留给后世不尽的猜想，你穿越时空的诗句，将我的情思无限拉长……"或许，这不是一首情诗，而是千万年后，人们对青海湖的回忆……

被誉为"天空之镜"的茶卡盐湖，盛产"青盐"，湖泊面积100平方千米左右，却浅得让人瞠目，枯水季水深不过5厘米。

◎茶卡盐湖的镜面效果　夏兴生 摄

青海湖的清晨，多了一份别样的美，霞光与蔚蓝相融，环湖的油菜花随风舒展，一匹毛色黝黑的骏马在远处的草滩上悠闲地吃草，时不时地抬起头，甩一甩它的马鬃，像是要甩掉什么烦恼似的。我总觉得，如果你想了解一个湖，至少，你得看过它的晨与昏，领略过它的夜色，几天探访下来，我逐渐开始向往其他的高原湖泊了。

我正安静地喝着奶茶隔窗眺望湖面，向导过来问："想不想去看看茶卡盐湖？那可是真正的'天空之镜'，离这里就一百多千米，不算远，顺利的话两小时就到了。"可能他觉得，即便是作为一个深度旅游者，我在青海湖待得也够久了。

"去，当然去，好不容易上了高原，我恨不得在这短短几天时间里，跑遍这周围所有的湖泊。"我连一秒都没有犹豫便表达了自己迫切的心情。是的，对于一个时间不充足的人来说，当然希望在有效的时间内，了解更多的湖泊。

其实，我常年生活的城市，平均海拔在 800 米左右，突然到了海拔 3000 多米的地方，多少有点儿不适应，略微有点儿高原反应，头昏昏的。早上是该喝一点咖啡的，但民宿的女主人太热情了，每天一大早就端来奶茶，我不好拒绝。可是一说要去茶卡盐湖，我的兴奋冲淡了高原反应，迅速收拾好行李就出发了。

茶卡盐湖虽然不大，却能让我兴奋，因为它盛名已久。早在战国时期就有对茶卡盐湖的记载，屈原曾留下"饮余马于咸池兮，总余辔乎扶桑"的诗句。而《汉书·地理志》也对茶卡盐湖有记载，称"西北至塞外，有西王母石室、仙海、盐池"。李时珍在《本草纲目》中记载道："西海有盐池，所产青盐即可明目、消肿。"茶卡盐湖的天然结晶盐，因盐晶中含有矿物质，所以呈青黑色，故称"青盐"。太多古籍的记载，让我对它充满了好奇。

我的高原反应被冲淡的时间只持续了 10 分钟，在路上，昏沉的状况依旧。我望着窗外的茫茫旷野，突然想到一个问题，为什么茶卡盐湖会被称为"天空之镜"？难道仅仅是因为能像镜面一般倒映天空？那是不是对镜子的理解不够深入？春秋战国时期，中国的金工就能用青铜铸造镜子了，且已掌握了烧炼水银的技术，当时多数镜子的背面都有精美的装饰图案。而在古人眼里，镜子不仅可以正衣冠，还有各种寓意，曾一度成为爱情信物，于是演绎出"破镜重圆"的故事。而我们现在用的玻璃镜子，不过才两百多年的历史。这"天空之镜"到底是说透亮清晰还是别有他意？想着想着我便昏昏沉沉地睡了过去。

醒来的时候，车已经驶入了茶卡盐湖的视域范

◎星空下的茶卡盐湖

◎茶卡盐湖的运盐铁轨

围，首先进入眼帘的是大片白茫茫的盐滩。和我在南疆盆地看到的大面积被撂荒的盐碱地一样，一望无际，没有生机。一股浓郁的盐的气息扑面而来，果然是中国四大盐湖之一，连空气中都盐味十足。我们驶入茶卡盐湖的路线，要经过长长的盐滩才能靠近

茶卡盐湖的水面。了解一个湖泊本来就应该从湖畔开始，而不是直接从水面开始。但这湖畔，我看看就好，不是太有吸引力。

我让司机停了车，跳下去感触一下那盐滩。脚下的感觉是软绵绵的，但说不上舒服，白色粉末迅速且精准地染白了我脚上的黑色网纹运动鞋。其实，我对盐碱地不太感兴趣，因为它总是和生机二字缘分太浅，能在盐碱地上旺盛生长的植物就那么几类，如盐角草、盐地碱蓬等。况且，在大西北的干旱区见惯了茫茫的盐碱地，真不会觉得它有什么美，更无从谈什么神秘感。我们继续前行，去探寻茶卡盐湖的水面，去看那世人眼中的"天空之镜"。

茶卡盐湖（Chaka Salt Lake），古称"咸池"，地理坐标为东经 98°59' ~ 99°12'，北纬 36°38' ~ 36°45'，位于柴达木盆地的最东段，祁连山南缘新生代凹陷的山间自流小盆地内，是一个天然结晶湖。湖泊面积约为 139.39 平方千米，但湖水很浅，即便是丰水季节，水深也不过 50 厘米左右。到了枯水季节，水深便仅有 5 厘米左右了，浅得无法没过有些女士脚上的"恨天高"。茶卡盐湖湖水的矿化度高达 320 克/升，这也是它对湖周和天空景象倒影清晰的原因之一。

茶卡盐湖周围的水系并不发达，高伟河、莫河等河水直接入湖，而另一部分水源则在湖区东部以地下水的形式补给湖盆。从湖泊形成的角度来说，内陆盐湖一般分布在干旱或半干旱地区，通常是由淡水湖经咸水湖演化为盐湖，它们的沉积物忠实地记录了其形成过程中温度、降水、蒸发和水量平衡等古气候环境要素的变化信息。所以，科学家经过对其湖底沉积物的研究发现，茶卡盐湖在晚冰期曾是一个淡水湖，自全新世开始萎缩，出现盐类沉积，到了全新世晚期，茶卡盐湖的萎缩、咸化进一步加剧并逐渐变成盐湖，而在这期间，温度对茶卡盐湖的形成和演化起了至关重要的作用。

湖泊的地质情况是了解它的基石，而随着一步步靠近茶卡盐湖，我开始接近"天空之镜"的真相了。与其他盐湖相比，茶卡盐湖是一个固液态共存的卤水湖，盐湖底部有一层厚厚的石盐层，盐板上覆盖着一层浅浅的卤水。因为水太浅，人站在石盐层上，就犹如漂浮在水面上。湖面将目所能及的一切都融入镜像中，蓝天、白云、雪山的倒影非常清晰，感觉就像一面通透的"天空之镜"。

我原本也打算去试一试这"天空之镜"的感觉，结果湖边兜售鞋套小贩的吆喝声、湖面上飘动的五颜六色的纱巾、湖周乱七八糟扔着的塑料鞋套和矿泉水瓶、志愿者正忙不迭地捡着湖边垃圾的身影，让我瞬间没了兴致。

除了如织的游客，我在湖边还看到了现代工业的痕迹。在景区内，有两组并行的铁轨，锈迹斑驳，一直延伸到盐湖最深处的采盐区，过去茶卡盐湖的盐晶就是用这些铁轨从采盐区运送出来的。现在似乎换了一种更加现代化的采盐方式，但也没有完全消除对这古老盐湖的影响，生产地点改在了几十千米之外，但资源开采量一点儿都没有减少，好在开始注意采盐区的生态环境保护了。过度的工业开发和旅游开发，让那些古老的自然景象发出哀鸣，不知是大自然的悲哀还是人类的悲哀。

我继续在湖边游荡，意外地发现了一小片生长旺盛的早熟禾及几棵宽叶青杨。我本以为如此丰足的盐碱含量，这湖周最多能长出盐地碱蓬或盐爪爪之类的盐生植物。只有一小片早熟禾，说明它不是这里的优势种，但能生长得如此旺盛，说明这一片早熟禾已经适应了这里的高盐分土壤。关于它如何适应了高盐分的问题，恐怕只能由植物学家去解释了。

我们驱车在茶卡盐湖的周围转圈，居然连一只鸟都没有看到，这和青海湖成千上万的鸟类栖息形成了鲜明的对比。是的，卤水湖里没有鱼，不适合鸟类栖息，哪怕彼此只相距百八十千米的距离，但物种对环境的选择是极为现实的。湖边没有住宿区，我们只好驱车前往茶卡镇，在途中看到一群白腰雪雀在草地上蹦蹦跳跳地觅食，还有两只棕颈雪雀在草梗上打架，这也算弥补了我在茶卡盐湖没有见到鸟类的遗憾吧！或许，这就是探寻式旅行的快乐，总有意外惊喜，在某个你未曾期许的地方等着你。

在库木库里沙漠腹地，完全颠覆人们想象的是：高原沙漠中，不光有寒冷和荒芜，还有库木库勒湖和克其克库木库勒湖，一大一小两个"沙湖"。

◎湖浪、沙滩、白云、远山，构成了高原之上绝美的画面　王川 摄

　　什么是无人区？一千个人大概会有一千种理解，但说到对无人区的感觉，绝大多数人的第一反应是：满目荒凉、毫无生机。似乎在潜意识中，"没有人"就意味着繁华的凋零和枯萎。但或许，这只是一个误解？对人类而言生存条件极端不适的区域，对于有些动物来说，则可能是一片乐土，它们早已适应了在那里繁衍生息。又或许，正因为人迹罕至，才会使这一区域的物种保持了最纯正的基因。阿尔金山无人区，就是这样一个传奇之地。

◎沙湖旁的高大沙丘　范书财 摄

这个平均海拔 4580 米且人迹罕至的区域，是无数探险者梦想中的乐园。不仅大多数区域保留了原始的自然状态，拥有特殊价值的岩溶地貌、高山湖泊和冰缘地貌等，它还拥有完整的高原生态系统结构，分布着大量珍稀野生动物。在这里你既可以看到藏野驴在广袤的高原上奔驰，也可以看到藏羚羊迈着欢快的舞步觅食，也会不小心遇到悠然自得漫步的野牦牛。所以，从这个层面理解，无人区或许只是一片没有人类打扰的旷野，是野生动物的天堂。

让人更加难以想象的是，在阿尔金山的无人区里，哪怕是世界上海拔最高的沙漠——库木库里沙漠中，都会有适应的野生动物在此生存，而且生活得悠然自得、舒适惬意。2011 年阿尔金山综合科学考察队的科研人员，就曾在靠近库木库勒湖附近的沙山上见到过悠然自得、窝在沙包上打盹的野牦牛。或许，人类需要换一个角度去认识无人区、了解无人区，但不要打扰无人区。

与浩瀚的塔克拉玛干沙漠相比，海拔高程 3900～4700 米的库木库里沙漠面积并不算大，只有 1600 平方千米。主要是由高大金字塔形沙丘、新月形沙丘及沙山组合而成。沙漠中央的沙丘较为高大，平均

◎沙湖旁边的野牦牛群　范书财 摄

高度在 100 米左右，最高的居然有 300 米。绵延数十千米由高大沙丘和沙山组成的沙漠，在明净天空的映衬下，格外秀美端庄。说这是一个沙漠，是一个大的地理概念，但真正踩上这片沙漠，瞬间就会被这迷人的景色征服。

与想象中高原沙漠的寒冷和荒芜完全不同，在库木库里沙漠腹地，居然有库木库勒湖和克其克库木库勒湖，一大一小两个"沙湖"。在这里，你会看到一幅由黄沙、碧水、若隐若现的草地和野生动物构成的完美雄浑的景观，在大自然的矛盾统一之间，蕴含了无限的奥秘与生机。

库木库勒湖（Kumukule Lake），又名"大九坝

◎阿尔金山上可以随时看到这种草原、湖泊、沙漠、冰川构成的画面　范书财 摄

213

◎阿尔金山上奔跑的野驴　范书财 摄

湖"，地理坐标为东经 90°25' ~ 90°37'，北纬 37°02' ~ 37°09'，湖面海拔 4100 米。"库木库勒湖"是维吾尔语，意为"沙子湖"。克其克库木库勒湖（Keqikekumukule Lake）是库木库勒湖的上游湖泊，也是内陆高原淡水湖。"克其克库木库勒湖"也是维吾尔语，意为"小沙子湖"，因其规模小于库木库勒湖而得名。

一个地处高原上的沙漠中，怎么会有如此规模的两个"兄弟"湖泊，一直是人们所好奇的，那就得说一说科学家的探究了。1988 年中国科学院青藏高原综合科学考察队在库木库里沙漠开展了深入系统的实地调查。他们发现克其克库木库勒湖的现代湖积物的重矿物组合与库木库里沙漠一致，各类矿物含量基本接近。但湖积剖面的重矿物则与库木库里沙漠有所不同。随后，科学家在对克其克库木库勒湖的古湖积剖面的化学分析发现，克其克库木库勒湖的湖水经历了淡水—微咸水—半咸水—咸水—微咸水—微淡水的多次变化，这说明它始终是一个半封闭湖泊，且集水的范围未曾有过变化。以上种种让科学家推断，克其克库木库勒湖的形成要早于库木库里沙漠。原来，如今湖光沙色的景观，是先有湖后有沙漠。

而湖中的水则来自远处雪山上的冰川融水，冰雪融化形成涓涓细流，从巨大的沙山底部流过、涌出形成沙泉，接着又形成涓涓溪流、小河，源源不断地滋养着沙漠之湖。所以，这里会呈现出沙、湖相连，沙、泉共存，沙漠与沼泽相间的高原沙漠奇境。

通常意义上，我们都会认为是大哥照顾小弟，但这个"常识"在自然界有时会形成强烈的反差。由于所处区域常年受西风影响，库木库勒湖不断被周边的沙丘蚕食，入湖水量不断减

◎高原野牦牛　范书财 摄

少，犹如年老体衰的"兄长"。而克其克库木库勒湖则常年拥有较稳定的湖水补给来源，其湖水主要依赖湖泊东南部一条 3 千米长的小河及两眼泉水补给，水质良好，犹如一个营养良好、体魄健壮的"小弟"。于是便出现了大自然中"小弟照顾大哥"境况。通过库木库勒湖东南侧一条长约 10 千米的小河，克其克库木库勒湖的水源源不断地注入库木库勒湖，保障了这个"兄长"生命的持久延续。

在库木库勒湖还有一个令人惊奇的景观，该湖自身水面面积也不过 25 平方千米，其间却有 8 个小岛。湖周多为波状风积沙丘，展现出优美的波纹，如同水浪般层次分明且纹路清晰，这充分显示了西风吹

◎大沙泉的水源，从沙底溢出　范书财 摄

拂的力量。但湖周也并不完全是沙丘，第三次新疆综合科学考察的科研人员在湖周进行水体调查时发现，沙丘间还星罗棋布地分布了 14 个面积在 0.01～0.1平方千米的残留小湖，像一面面小小的镜子，映射出高原天空的深邃。

与之相隔不远的克其克库木库勒湖，属于碳酸盐类钙组淡水湖，所以湖内的生物种类较多，不仅有蓝藻、绿藻、硅藻，还有许多浮游动物和底栖动物。湖的东南端有泉水出露，分布了大约 2 平方千米的沼泽，时不时地有野牦牛优哉游哉地过来饮水觅食。不要小看这片面积不大的沼泽，它瞬间就让湖水有了

◎地下水涌出地面，依着地形汇成河流，最终汇入湖泊　范书财 摄

灵动的姿态，而不是一味的湛蓝。沙漠中湛蓝壮阔
的大湖、沙丘间若隐若现的小湖、充满生机的沙海
沼泽、海浪般层次分明的沙波纹和姿态各异的野生
动植物，勾勒出世界屋脊水沙和谐的美妙景色，如
同一块色彩浓郁、清晰秀丽的油画陈铺在高原之上。

　　迎着亘古高原的晨曦，和着漫漫西风的节拍，
湖水拍打黄沙，万物生灵不受打扰，原始的唯美以
自然和谐的状态呈现在世间。早已习惯了以适宜人
居为评判标准的人类，似乎很难想象这景象的存在。
但那美好、那和谐，确实在被人类认知为无人区的

◎高原沙漠湖泊周边的沙泉　范书财 摄

地域里，完整地存在着。这或许值得我们思考，在这颗蓝色的星球上，所谓和谐，应该有个大的生态平衡概念，适用于一切生物类群。抑或许，所有千变万化的山川地貌，都有其适应的和谐理论，而不仅仅以是否适宜人居来定义，它们的存在就是某种深层意义上的和谐。

文中部分相关资料及图片由"第三次新疆科学考察塔里木河流域片区：昆仑山北坡水资源开发潜力及利用途径科学考察"项目组提供。

高原内陆湖泊的变化，是全球气候变化的敏感指示器。研究发现 1976—2021 年阿牙克库木湖水域面积增加了 470 多平方千米，而其周边冰川则呈明显退缩趋势。

你不必尽善尽美，

你不必顶礼膜拜，

穿过茫茫的沙漠，心怀忏悔。

你只须放开体内那野性的温柔，

爱其所爱。

向我倾诉你的绝望，我也会诉说我的惆怅。

此时，地球依然在运行。

此时，太阳和晶莹的雨珠，

正越过风景如画的大地，

越过原野和丛林，

越过山脉和河流。

——玛丽·奥利弗《梦之作》

◎阿牙克库木湖全景　王川 摄

几年前，我在阅读特丽·威廉斯的自然文学经典著作《心灵的慰藉——一部非同寻常的地域与家族史》时，对开篇的这首诗，印象颇为深刻。作者的写作地点是美国犹他州的大盐湖湖畔，那是一片对很多人来说比较超现实的风景，是沙漠中无法饮用的一池碧水。但对于生活在亚洲中部干旱区的人来说，这是一个比较容易接受的画面，因为它会真实地出现在他们所生活的土地上。

更让我印象深刻的是，书中大盐湖的水面上涨，带来的居然是一场灾难，而且作者在每个篇章的题目下，都标记了湖面的海拔，意思是湖面上涨，淹没了鸟类的栖息地。"那鸟儿为什么不能在湖周海拔更高的地方栖息？"彼时，我并不能完全理解。因

◎阿尔金山的戈壁和湖泊

◎阿牙克库木湖的湖水和岸滩泾渭分明　王川 摄

为对于生活在干旱区的人来说，湖面的萎缩是生态环境恶化最直接的指标。水面的上涨肯定是一个"利好"的信息。直到我开始了解盘踞在阿尔金山上的阿牙克库木湖，才真正悟到，湖水上涨和湖面扩大，未必一定是生态环境向好的指标，还需要对整个区域进行综合考虑和衡量。

地理位置为东经 89°04′ ~ 89°44′，北纬 37°28′ ~ 37°38′ 的阿牙克库木湖（Ayakkum Lake），位于若羌县祁曼塔格乡境内，是典型的高原内陆盐湖。"阿牙克库木"是维吾尔语，意为"下面的沙子"。从遥感图看，它的整个外形像一只巨大的穿山甲，缓行在阿尔金山自然保护区内。

想看阿牙克库木湖并非易事。首先要穿越塔克拉玛干大沙漠到达沙漠东南缘的若羌县。虽说只是一个县，但若羌县的行政面积却有 20.23 万平方千米，

◎途经的大多为这种没有植被覆盖的石山　王川 摄

225

◎蔓延到天际的阿牙克库木湖　张波 摄

是全国辖区总面积最大的县，大概相当于两个浙江省的面积。所以即便是在县域范围内活动，也能"望山跑死马"，让你领略祖国之大。而到阿牙克库木湖至少还得开一天的车。

2022 年 5 月底，第三次新疆综合科学考察队的 12 辆越野车和 1 辆皮卡车，从若羌县出发，用了大半天时间才到达海拔 3200 米的依吞布拉克镇，并对其周围进行实地的水文调查。之所以选择在依吞布拉

◎从高处俯瞰阿牙克库木湖

克镇停留一晚，是因为再往后就没有可以进行补给的地方了，依吞布拉克镇还有超市，有维持野外作业的各种补给。而如果到了下一站——祁曼塔格乡，可能境况就完全不是这样了。行政面积达6.56万平方千米的祁曼塔格乡，是国内面积最大的乡，也是一个隐藏在阿尔金山最深处的乡镇。然而，这么大的面积，却只下辖了祁曼塔格村和喀拉乔卡村两个村，原因非常简单，全乡只有19户百余人！是的，你没有看错，百余人，而且还大多为牧羊人和一些流动人口。

到了祁曼塔格乡，除了乡政府几个长期驻扎的行政机关人员，基本看不到本乡居民。我们的科考队恰好遇到了青藏高原科考队正在进行野生动物实地调查的科考成员，两支科考队的人数加起来几乎超过了当地的人口，这给祁曼塔格乡这个人烟稀少的乡镇带来了一派繁荣的景象。但那也是稍纵即逝的"繁荣"，原本就是高原，加上气候和自然条件恶劣，人迹罕至也在情理之中。

人不多，但野生动物却不少，即便是在路上，也能看到成群的藏野驴穿越公路，向荒野更深处前行，它们一点儿也不怕我们的车队，以一副主人的姿态出现，倒是我们长长的车队不敢鸣喇叭，停车静悄悄地等待它们穿行完毕再赶路。我时不时地还能远远看到小群组的藏羚羊，它们迈着欢快的步子在旷野中跃动。还有时隐时现的旱獭，它的毛色和高原的土壤和山体颜色非常像，你很难一眼看到它，为了躲避高山秃鹫的袭击，旱獭演化出了这种保护色。它在荒野上跳跃跑动的时候，你很容易以为自己眼花了，因为看到"一团土"在快速挪动。

在靠近湖区附近的湿地，三两成群的野牦牛用非常睥睨的眼神扫视着坐在车里奔行的我们。是的，这里是它们的领地，最好不要打扰它们的生活。作为牛科体型最大的动物，很多成年野牦牛的体重都在

① 高原上的旱獭

② 唯一的村落还有人在放牧，骆驼是这里的最佳畜牧产业　张波摄

③ 湖区附近狂奔的野驴　张波摄

④ 盯着科考车队的野牦牛　张波摄

| ① |
|---|
| ② |

| ④ | ③ |
|---|---|

◎阿尔金山无人区　范书财 摄

1 吨左右。以它的体力，顶翻一辆越野车并不困难，所以我们赶紧离开，不敢下车造次。因为是近距离观察，可以清晰地看到它们肩部凸起的隆肉。它们下半身的鬃毛像蓬松的黑裙子，随着高原的狂风摆动着。野牦牛饮冰卧雪，极为耐寒，这恐怕与它们蓬松的"黑裙子"不无关系。

终于，一个巨大的水面毫无征兆地冲入我们的视野，是的，用冲可能更合适。因为在此之前，我们看到的大多为荒野，虽然草地的覆盖率并不低，但确实也没有什么水域。在寒冷干旱的高原上，能目睹成片被植物覆盖的土地，已经让我们有些意外了，

◎隔着湖面便可以远眺雪山　范书财 摄

而这巨大湖面的视觉冲击，更加令人激动。相关科考调查结果显示：近 20 年来，阿尔金山自然保护区的植被覆盖率增加了 3.78%，植被指数增加了 25.4%，湿地面积增加了 2.5 倍，高寒、干旱的阿尔金山自然保护区正在变绿变湿。

经过大半天的奔波，冒着高原上的瑟瑟冷风，我们的科考队在祁曼塔格乡海拔 3850 米的地方建立了一号营地。帐篷搭起来，仪器拿出来，我们冻得手指都伸不开，就开始对阿牙克库木湖进行取样考察。这一次，要围绕湖区流域的水资源、水环境与生态环境、生物资源展开全方位的实地调查。

◎阿尔金山高原湿地　范书财 摄

　　阿牙克库木湖坐落在羌塘高原库木库里盆地东
北部最凹处，湖泊的集水面积约 2.5 万平方千米。全
流域高山区发育的冰川近 300 条，冰川面积 300 多平
方千米。阿牙克库木湖主要依赖冰雪融水径流补给，
入湖河流有依协克帕提河、皮提勒克河、色斯克亚
河等。湖泊东侧的依协克帕提河入湖口区发育有 200
余平方千米的沼泽盐滩。

　　别看它地处偏远，关于阿牙克库木湖的研究，
近年来一直是湖泊学界关注的问题。高原上的内陆湖
泊地处偏远，较少受人类活动的影响，湖泊的萎缩
或扩张能够真实地反映区域气候与环境的变化状况，

◎阿尔金山的驼峰石　范书财 摄

是全球气候变化的敏感指示器。科学家利用 Landsat
卫星长时间序列的影像数据，提取了 1976—2021 年
的湖泊水体信息，发现阿牙克库木湖近年来处于扩
张状态。这段时间内阿牙克库木湖的水域面积增加
了 470 多平方千米，这是一个非常惊人的数字。在阿
牙克库木湖不断"长大"的同时，周围高山上的冰
川面积呈现明显的退缩趋势。仅 1989—2006 年，冰
川面积就减少了 192.9 平方千米，退缩率高达 20%。
2006—2011 年仅五年时间里，冰川面积减少了 55.2
平方千米，退缩率达到了 7.2%。这些数据充分说明，
阿牙克库木湖面积的增加与冰川消融密切相关。

　　当地人告诉我们，几年前，阿牙克库木湖旁立着一块石头，上面写着"阿雅克库木湖"，距离岸边有几十米，而随着湖面不断扩大，如今这块石头早已没了踪影，湖泊面积的增大由此可以窥见一斑。湖面的增加是否是一件好事？在这寒冷干旱的高原上，降雨越来越多，山谷越来越绿，湖面越来越大，是否意味着暖湿气候的日渐形成？难道它暗示了全球变暖？这一切，还在等待科学家去揭晓谜底。

　　作为一个高原盐湖，阿牙克库木湖属于硫酸镁亚型盐湖。《中国新疆河湖全书》记载，湖内资源包括卤水资源、固体盐类沉积资源。卤水资源是阿牙克库木湖的主要资源，充满了整个湖盆。湖水的矿化度高达 145.9 克/升，主要以硼盐、钠盐、镁盐、溴盐等为主。科学家通过在阿牙克库木湖可培养嗜盐微生物种群结构和物种多样性的研究，尽管生存环境恶劣，在这里却发现了 5 个属的嗜盐菌菌株，这占嗜盐菌科已知属的 24%，说明藏在高原上的阿牙克库木湖，蕴藏着具有地域特点的嗜盐菌资源。

　　同属阿尔金山自然保护区内的湖泊，阿牙克库木湖不同于库木库勒湖和克其克库木库勒湖，它的水面极为开阔，似乎一眼望不到边，但远处高大的雪峰，告知了边界的存在。一池蓝绿色的湖面在雪峰的映衬下，格外壮美。高原的风素来狂野，把水面吹得风浪不停。我们没能看见水禽飞舞的场景，但向导告诉我们，他在这里见过湖边有不少鸟。他能描述清楚的比较特别的鸟儿似乎是黑颈鹤。虽然我们没能在湖边看到翩跹起舞的黑颈鹤，但我们知道它来过，它也在这雪峰下的碧湖里展现过舞姿。因为阿尔金山海拔3500～5000米的高原上，确实有它的栖息地。这种姿态优美、颇有几分仙气的鸟儿，曾在中国的古代神话中多次出现，确实喜欢出没在高原湖泊旁。

湖旁的植物并不密集，毕竟是个盐湖，除了那些耐盐植物，其他植物是难以生存的。好在高原上有多种针茅、苔草等高寒植物，加上入湖口的湿地附近植物丰茂，给那些守护着高原的野生动物备足了"粮草"。远处湿地的芦苇丛中，应该隐藏着一些正在繁育的鸟类，这个时候过去，是最不识趣的打扰，我宁愿远远地想象它们的存在，感悟这清净世界的生命传递。

可能是因为高原上即将变天，阿牙克库木湖的巨浪以强势的姿态，拍打着这方宁静的世界，震荡着湖岸。我聆听这变化多姿，又令人敬畏的涛声：低沉的轰鸣、沸腾的喧闹，时而急促，时而柔缓。这是大自然的节奏，充分展示了旷野广阔的天地和远古高原的自由。狂风和巨浪，卷云和倒影，渐渐迷失在日夜交替中。

文中部分相关资料及图片由"第三次新疆科学考察塔里木河流域片区：昆仑山北坡水资源开发潜力及利用途径科学考察"项目组提供。

# 05

## 中亚藏巨湖

咸海曾一度水面巨大，湖内岛屿多达 1000 多个，因之被称为"岛之海"。如今，它在人们视线中迅速萎缩，背后隐藏的是巨大的生态危机和环境问题。

在浩瀚的海面上遇到来路不明的船，总会让水手为之惊恐万分，怯生生地喊出一声"幽灵船"。但若是在盐尘裹挟的沙海中见到一排锈迹斑斑的船，那会是怎样一种感受？去过咸海的人就会觉得见怪不怪了，那是多年前咸海曾经繁盛的捕鱼业留下的渔船残骸，它们已被遗弃于荒漠之中长达几十年了。

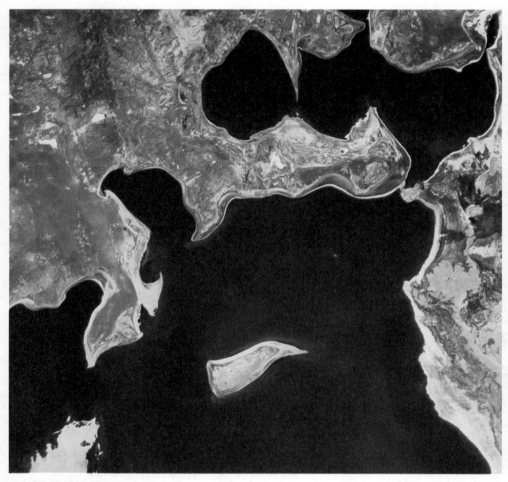

◎北咸海遥感影像图　许文强 供图

　　关于咸海的危机，在各路媒体的报道中，人们已并不陌生。但关于这个曾经的世界第四大湖泊，如此迅速地在人们的视线中萎缩，却不仅仅是一个新闻，其背后隐藏的是巨大的生态危机和环境问题，它所波及破坏的是整个亚洲乃至欧洲的生态……

　　咸海（Aral Sea）位于中亚干旱区，远离各大洋，为典型的大陆性气候。它地处哈萨克斯坦和乌兹别克斯坦交界处，是阿姆河和锡尔河的尾闾湖。阿姆河是中亚最大、水量最多的河流，发源于阿富汗与克什米尔地区交界处兴都库什山脉北坡维略夫斯基冰川。而锡尔河则发源于吉尔吉斯斯坦境内的天山山区。在这样两条大型河流及其流域其他水资源的补给下，咸海曾一度水资源供给充沛，水面面积达6.8万平方千米，湖内的岛屿多达1000多个，咸海也因而被称为"岛之海"。

　　虽然咸海的湖泊水面只在哈萨克斯坦和乌兹别克斯坦交界处，但咸海流域涉及的范围却非常广。它展现于欧亚大陆中部，青藏高原以西。威海流域西与乌兹别克斯坦的于斯蒂尔特高原接壤，西南方是伊朗高原，南边有兴都库什山脉，东南部为萨雷阔勒岭以西的帕米尔高原，东部是天山西部和喀克沙尔山以西的山地，东北部则是哈萨克丘陵，北部有图尔盖洼地和图尔盖高原，总面积约1.7万平方千米，涉及中亚五国及阿富汗和伊朗。整个咸海流域可以分为图兰平原、天山西南部、帕米尔高原及阿富汗

◎咸海现存水面　许文强 摄

北部山地等地理单元。也因此，前文我们曾提到过，它出现生态环境问题之后，所波及影响的范围是整个亚洲乃至欧洲的生态……

　　在从乌兹别克斯坦努库斯市前往咸海的路途中，穿过城市和村庄之后，气候开始变得让人有些难以适应了。尽管此前已经无数次在媒体和各种资料上了解了咸海的境况，但站在干涸的咸海湖底时，内心依然会被极大的震撼所填充。那是难以用言语来形

◎ 咸海慕伊那克镇废弃渔船，来旅游的人们争相和“鬼船”留影　许文强 摄

容的荒凉，比我站在罗布泊的核心区感受到的扑面
而来的荒凉更加令人感到煎熬和沮丧。因为在这里，
你能更切实地看到生与死之间的景象转换，也更容
易体会繁华与荒芜之间“诡异”的无缝衔接。

迎着飘浮在半空中的盐尘，我们深一脚浅一脚
地走进完全被沙漠化的咸海湖底，或者说走进了所谓
的咸海沙漠。细沙不由分说地灌满了鞋子，空气中
弥漫着咸咸的味道，盐尘悄无声息地侵入你的肌肤、

发丝，在你的一呼一吸之间，精准地进入你的肌体。天空一片昏灰色，你看得见太阳，却看不清太阳。即便烈日就在头顶，你也不觉得它刺目，因为它的光芒仿佛被浮尘过滤了一遍，不再那么咄咄逼人，但热度不减，几分钟就让你晒蔫了一般，让你想赶紧找个地方躲起来乘乘凉！

在不远处，我看到了传说中沙漠里的"幽灵船"。一排锈迹斑斑、只留下破烂船骨架的渔船，加上昏灰色、浮尘蔽日的天空，以及茫茫荒漠，突然有种不寒而栗的感觉，就好像在起了雾的海面遇到了海盗都畏惧的"幽灵船"。只不过大海换成了沙海，偶尔还能看到几丛灌木在船边妆点画面。但死寂和衰败依旧会在毫无征兆的情况下直冲眼底。

透过破败不堪的船体，我很难想象这船曾在一片蔚蓝的咸海里穿梭往来、扬帆而行。或许，这船曾承载着人们太多的记忆，不少船体上都有基调悲伤的涂鸦，不知是船的主人留下的，还是后来感怀咸海的过客留下的。

毋庸置疑，在各种各样的历史记载中，都曾描绘过咸海是中亚地区最美丽富饶的大湖。咸海之滨曾是丝绸之路上商旅最向往的驿站，如今只能看到破烂的船坞，滞留在湖底的沙地中；咸海水域曾是中亚地区重要的鱼类出产地，盛产鲤鱼、咸海鲷、暗斑梭鲈、赤梢鱼等鱼类，而如今在这些"幽灵船"旁，找不到一根鱼骨。

◎咸海纪念碑　许文强 摄

◎沙狐

　　我正望着那些破败的渔船发着呆，一只毛色和沙土差不多的浅褐色小动物"嗖"地一下从某只破败的船体中跳出来，然后飞速地躲进了旁边的灌丛。其他没有看清，只注意到它的大尾巴，飞速拖拽着扫过地面。向导说那是沙狐，这家伙白天非常活跃，经常可以看到它在这里的船体遗骸上攀爬或抓野兔。可能是我们的声音惊扰到了它，所以它才穿梭出来。通常意义上，沙狐更具群居性，甚至多只个体共住在同一洞穴里。我饶有兴趣地在附近找了起来，想找到传说中的"沙狐城"洞穴。失望是必然的，狐狸洞穴哪有那么好找！原来这里并不是完全死寂，野兔、沙鼠、沙狐给这里增添了不少生机和乐趣。

可能是人们觉得从这里消逝的渔村值得纪念，就在干涸湖底那些破船边上的岸边，建了一个纪念公园，两任联合国秘书长都参观过这里。

在接着穿行荒漠的过程中，居然有一片绿色映入眼帘，那是一片郁郁葱葱的梭梭林，如此干涸的地方，怎么突然会有这样一片茂盛的梭梭林，难道是受了上天某种独特的眷顾？还是原本咸海周围的生态环境还不错，是我把它想得过于衰败了？我走近看，发现那梭梭林有着明显的人工种植的痕迹。是的，它们受到了眷顾，只不过这眷顾来自人类。同行的向导告知我们，咸海危机早已是国际关注的生态问题，一些国际组织和科研机构给予了一些生态恢复项目和资金的支持，这一片梭梭林就是生态恢复的内容之一。对咸海的生态危机，中国科学家也做了大量的研究工作，希望通过科学的方案解决当前面临的困局。

车继续前行，路途中看到一片仿佛由白色砾石铺就的地面。湖底怎么会有这么多白色砾石？我下车仔细看，才发现不是白色砾石，而是由一层细细密密的小贝壳和零星的砾石组成的湖底，白色的贝壳大多数很完整，但已经被风化得非常脆弱了，轻轻一掰就碎成若干片。在这片贝壳湖底，偶尔会看见一些灌木被小贝壳团团围住。不知是灌木为贝壳提供了寄托，还是贝壳为灌木提供了养料，总之，它们彼此依存的景象犹如一幅抽象画，展现着另类的生与死。

站在这里，我似乎看到了当年浪花拍打湖岸的惬意，那些小小的贝壳悄悄地躲在水底，掩藏在泥沙之下，以为可以慢慢长大。不想那湖水干涸得如此迅速，没有给它们留下丝毫生还的可能。天突然阴沉下来，热风卷着盐尘拂过大地，我听到了贝壳的哭泣，或许是咸海的哭泣。

尚未见过它迷人的蔚蓝色湖面，就先领教了它的"盐尘暴"的威力，这着实让我有些不甘和困惑。在历时四天走走停停的行程之后，终于，我开始真

◎废弃的渔船

◎原咸海岸边塌陷台地　许文强 摄

正靠近尚还有水的咸海。接近湖畔可以看见，外层
浅褐色的淤泥和里层白色的盐碱滩紧密结合，沿着湖
岸线，向远处蔓延。我们从无人机的画面中看，色
彩独特的湖岸线和青蓝色的湖面结合，充满了印象
派画作的艺术感。可实际上，我们脚踩下去的瞬间
就后悔了，那烂泥无情地掩埋了鞋子，但我干涸已
久的双眼终于看到了一面青蓝色的湖水。在我眼里，
失去了往日繁盛的咸海依旧是迷人的，或许因为我

◎洒满贝壳的地面　许文强 摄

被干涸充斥了太久的眼眸已经不再那么挑剔，抑或是这湖水原本就魅力十足，站在岸边看，那清清碧波依旧可以与天际相连。

其实，这看起来丰盈的水面只是咸海萎缩后的局部，先不说那沙漠中的"幽灵船"和贝壳湖底，单从遥感画面看，你就会被咸海近些年来惊人的萎缩速度所震惊。20世纪60年代，咸海的面积曾达6.8万平方千米，而如今咸海的水面面积已缩小到不足原来的10%，在近60年时间里，咸海的面积萎缩了5.3万平方千米，相当于消失了11个青海湖的水面。

究竟是什么造成了咸海如此迅速的萎缩？从20世纪60年代开始，阿姆河和锡尔河的河水被大量用于农业灌溉和生活用水，加之上述两个流域自20世纪70年代以来气候持续干旱，造成了咸海入湖径流持续下降，进而导致湖泊面积急剧萎缩。研究显示，1987年咸海分裂为南咸海和北咸海，到了2006年，南咸海再次分裂为西咸海和东咸海两个部分，水面面积的急剧萎缩使咸海湖泊系统平衡失调，生态危机愈演愈烈，咸海面积的急剧萎缩引起了国际社会的强烈关注。为保护咸海，中亚各国不断制定和完善跨界河流合作条约，协调流域上下游国家的水量分配，不断推进流域水资源管理进程。

如果说水体萎缩是可以看得见的危机，那么咸海干涸后形成的盐尘暴就是轻易看不见的危害。盐尘暴的尘源主要是干涸湖底松散富盐沉积物，盐尘暴中含有密度很高、粒径极细的硫酸盐、氯化物等盐碱粉尘和杀虫剂，以及一些有害重金属元素。根据粉尘动力学，在一般风力条件下，粒径极细的盐尘颗粒可以在大气中被搬运到几千千米之外，甚至会作为气溶胶长期悬浮于大气中，对环境、生物和人体健康造成严重威胁。

所以，本章开头所写的咸海的生态危机和环境问题，会波及破坏整个亚洲乃至欧洲的生态并非危言耸听。有关研究结果显示，咸海干涸湖底的盐尘已经被风吹到了帕米尔高原和西天山北坡的冰川上！雪崩发生的时候，没有一片雪花是无辜的。生态危机的蔓延和辐射，没有国界和洲际之分。联合国原秘书长潘基文认为，咸海问题是"我们这一代世界上最严重的生态灾难之一"。确实，人类眼睁睁看着它萎缩分化，有一种用双眼记录灾难的既视感！

而它的萎缩也不由得让我想起罗布泊来，它们都是在 20 世纪 60 年代左右开始大面积萎缩的，都是人类对水资源加码使用和气候变化双重作用的结果。真正的罗布泊已经消失了，只因钾盐基地的开发恢复了一池工业用水。而咸海一再萎缩、分裂，似乎也有种无力回天的乏力感。只不过罗布泊消失后，却依然毫不吝惜地为人类留下了丰富的矿产资源，而咸海却目所能及地让盐尘弥漫于周遭人的呼与吸之间。

有太多新闻和论文叙述了咸海危机的种种影响，在此就不再赘述。站在咸海干涸的湖底，看着湖岸塌陷的台地，我低声问自己：咸海的萎缩，是地球的悲哀还是人类的悲哀？那卷着盐尘的阵阵风声，是咸海的哭泣还是人类的哭泣？湖岸塌陷台地那一层层的沉积，记录着这个湖泊的历史，这是刻在地层中的记忆，无法抹去。而人类的记忆，似乎无法刻录在基因里，大概只会存在于一段段文字、一帧一帧画面里，随着时光的推移，逐渐消失在历史的长河中。

一半是咸水，一半是淡水的巴尔喀什湖，一直被视为一个神奇的存在。宇航员的在轨图片中可清晰地看到它因咸淡共存而呈现出明显的色彩深浅差异。

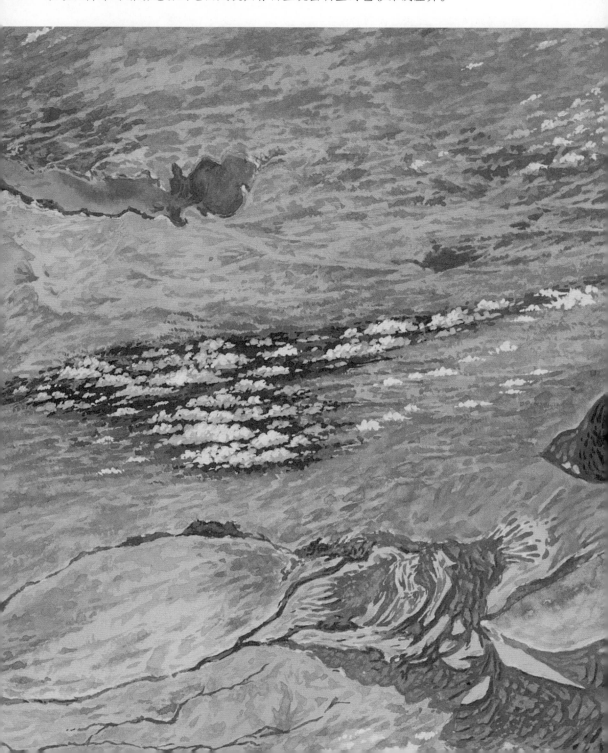

◎夕阳下的巴尔喀什湖

　　人们对满月总会有几分感慨和敬畏，尽管人类
早已不再依靠月亮的盈亏来预测未来，但它的阴晴
圆缺依然能激起人们心中难以言表的情感，或许这
情感起源于远古，犹如基因般刻录在我们的血脉之
中，让我们对月光的反应如此扑朔迷离。其实不少野
生动植物对月光也有着某些特殊的反应和行为，时

至今日，科学家依然在苦苦探究其中的原因。所以，满月依然是一件盛事，不论对于人类，还是对于地球上的其他生物。

月亮对海水潮汐的作用，大家早已熟知。可是对于一个巨型湖泊，月亮是怎样一种存在？目前没有研究显示月亮对内陆湖泊有什么力学或其他方面的影响，不过，在皎洁月色下的湖泊，应该是有着巨大的美学效应的。我就曾被国内著名的星空摄影大师戴建峰老师拍摄的一张月色下的巴尔喀什湖的图片震撼到，在心里种了草，一定要去亲眼看看那美景，也去看看这个盘卧在中亚腹地形如新月般的巴尔喀什湖。

巴尔喀什湖（Balkhash Lake），我国古称"夷播海"，面积为1.67万~1.76万平方千米，水位为340~344米，呈现丰枯周期性变化。它位于哈萨克斯坦东南部，是其境内最大的湖泊，也是世界第四长湖。作为我国伊犁河的尾闾湖，伊犁河对巴尔喀什湖的水源补给率约为79%。它属于典型的中亚干旱区内陆湖，具有湖水面积大、相对较浅的特点，同时拥有丰富的湿地和水生动植物资源。

因为持续多年与中亚国家的科学家共同开展中亚大湖区的相关研究，我的同事中，有不少人对巴尔喀什湖有着比较深入的了解。

巴尔喀什湖虽然无法与伊塞克湖比蓄水量，水域面积也只勉强大于急速萎缩的咸海，但依然无法

◎从渔村前往巴尔喀什湖，机动渔船让人恍然有种去郊游的感觉　罗毅 摄

忽视它在中亚大湖区的重要地位。巴尔喀什湖的流
域范围包括哈萨克斯坦阿拉木图州、东哈萨克斯坦
州的南部、卡拉干达州的东南部、江布尔州的东部
和中国新疆的西北部。而这一区域恰好是中亚干旱
区内一块不可多得的沃土。

　　一般外国人去巴尔喀什湖是从阿拉木图市启程，
因为这里的国际航班比较多，且总体上现代化程度
较高，算是一个理想的长途出发地。我们从阿拉木
图市开拔，沿着 M-36 线驾车狂奔，用"狂奔"二字

有夸张的成分，因为路况并不是太好，不到 700 千米的路程，居然跑了 12 小时。但路途确实挺奔波的，一出阿拉木图市区，沿途便既荒凉又干燥，既看不到几个人，也没见着什么野生动物，这其实跟在新疆或青海跑长途的感觉差不多，而且因为人口更稀疏，感觉上更加荒凉。

到巴尔喀什市已是月升日落的时分，恰好遇到满月，沿着市区广场的中轴线走，便可以走到湖边。终于在经历了一天的舟车劳顿后，看见了月色下的巴尔喀什湖。湖边只有几名游客在沙滩上收拾东西准备离开，留下我们安安静静地饱览湖光月色。沙滩在月色的映射下泛着清冷的光泽，波光粼粼的湖面一览无余地冲进我的视野，两个月亮的传奇在这里充分演绎。湖水的波澜让我脑海中突然冒出那首诗："夜凉如水，孤旅如寄，我是表盘里奔跑的时针，让生命的每一刻都有见证……"其实，湖边的月色很容易让人伤感，不知是源于月色，还是源于湖光。总之，一种惨淡的情绪一直弥漫在空气中，挥之不去。我恍然，原来戴建峰老师那幅照片之所以震撼到我，是因为它激起了我心底最深处的孤独。

我此行想要探寻的，当然不是巴尔喀什湖畔伤感的月色，还有更多湖中奥秘值得追寻。一半是咸水，一半是淡水的巴尔喀什湖，一直被视为一个神奇的存在，屡次出现在各类中学地理的考题中。其实并非什么"阴阳大法"，地处中亚腹地平原的巴尔喀什湖属于典型的干旱区气候，空气干燥、多风少雨、蒸发旺盛，这样的地理气候环境本应形成一个内陆咸水湖泊。巴尔喀什湖的东西两部分由乌泽纳拉尔湖峡相连，东巴尔喀什湖由卡拉塔尔河、阿亚古兹河、阿克苏河和列普西河补给；西巴尔喀什湖由伊犁河补给，东西两湖入湖水量差异悬殊。西巴尔喀什湖的湖水平均含盐量仅有 0.148%，而东巴尔喀什湖的湖水平均含盐量则达到 1.042%。同时，巴尔喀什湖又是一个东西长约 600 千米，南北最窄处只有十几千米的狭长的湖泊，影响了湖水水体的交换，东部的咸水和西部的淡水无法很好地交融，便造成巴尔喀什湖东西两部分咸淡明显不同。

离开巴尔喀什市之后，接下来的行程是沿着小路持续奔波，穿过大片被灌丛和草丛零星覆盖的沙地，感受旷野中的错落有致。每当天色渐晚，你便能看到光线在起起伏伏的沙地、植被上变幻莫测，你猜不到哪一块阴影里会出其不意地跳跃出野兔，也不知哪一片沙地里会窜出沙蜥，一切都是未知数，包括你会在什么地方吃到下一顿饭。

路途中遇到的绿色越来越多，乔木、灌丛、草丛无序却有机地混杂在一起，然后水塘接连出现，我们渐渐开始靠近湿地，突然有了水草茂盛的既视感。我们偶尔能看见闲散的马匹，在水塘边悠闲地吃草、饮水，夕阳下的湿地有着一派宁静祥和的景象。在坑坑洼洼的小路上继续前行，便看到了大片的芦苇，湖滨的小村落渐渐呈现在眼前，我们知道巴尔喀什湖畔的奎甘村到了，这是一个有几十户渔民的渔村。

我穿过广袤的荒野，奔向湖畔湿地的怀抱，看到尚带着露珠的青草，充满了清新的气息，那是一种真正来自大自然的清新味道。靠近湿地的湖水清澈冰凉，我在一根浮在湖边的原木下，看到几条东方真鳊迅速闪过的影子。

在这里，你所看到的巴尔喀什湖充满了乡野气息，各种栖息的鸟类和鱼儿让这里生机无限。清晨，你能听到鸟儿的歌声随着湖周的雾霭一同从芦苇荡

◎穿过荒野，遇到闲散的马匹悠然吃草，知道离湖区不远了　罗毅 摄

里升起；黄昏，你能感受到鱼儿跃出水面拍尾吐泡的欢愉；傍晚，你能看见鸬鹚和天鹅在湖区共舞，鸥鸟展翅飞过湿地。

　　乘坐机动渔船穿过茂密的芦苇荡，只一会儿时间，便看到巴尔喀什湖巨大的水面。这宽广的湖面，让人突然有了自由呼吸的博大空间。那水天一色的景致，清澈欢快的浪花，鱼翔浅底的画面会让你忘了自己是穿越了大片的沙地来到此处的。是的，在亚欧大陆腹地的中亚，在距离海洋最遥远的地方，人们印象中干旱和苍凉相伴的地方，湖泊却并不匮乏。有资料统计，中亚区域内，面积超过 1 平方千米的湖

◎芦苇越来越少，水面越来越大，意味着正式进入了巴尔喀什湖　罗毅 摄

泊有 2000 余个，面积超过 100 平方千米的大型湖泊有 60 余个。这里并非人们想象中的一片死寂，而是被星罗棋布的湖泊所萦绕着。只是，随着地球环境和气候的变化，以及人类生活的影响，为数不少的干旱区湖泊都面临着急速的萎缩及周边生态环境的恶化。

巴尔喀什湖似乎也未能幸免。巴尔喀什湖的平均深度小于 6 米，湖水面积又非常大，这就使巴尔喀什湖的生态和水文都极易受外部河流注入的影响。自 1960 年以来，受到气候变化和人类活动的影响，主要入湖河流水量减少，导致湖泊水位明显下降。加之人口增加、耕地不断扩大及工业污染等，引发了

◎渔船是当地村民维持生计的家伙什　罗毅 摄

◎靠近巴尔喀什湖岸较为清澈的湖水

水质恶化和水体盐碱化一系列严重的生态问题。巴
尔喀什湖周边原有的 16 个湖泊系统，如今只剩下 5
个。原本草丰水美的巴尔喀什湖吸引了大批野生动
物，湖里栖息着 20 多种鱼类，湖畔有 120 多种鸟类，
随着生态环境的不断恶化，很多鸟类不再选择来这
里栖息，野生动物也纷纷逃离。

　　巴尔喀什湖的这一状况引起了人们的广泛关注，
有了咸海危机的前车之鉴，人们不愿意再看到巴尔
喀什湖成为中亚地区的第二个咸海。联合国开发计

划署生态与可持续发展委员会的专家都曾呼吁制订巴尔喀什湖的生态保护规划。当前，一系列生态治理措施正在逐步推进中，有些地方已初见成效，于是便有了我之前在巴尔喀什湖畔奎甘渔村看到的那些美如画的场景。生态破坏非常容易，但修复往往是一个漫长的过程。

我常常思考，现代人开始关注各类湖泊的生态环境，除了自身利益和安全之外，是不是也曾在某个瞬间意识到，一面面湖泊本身就是一帧帧心灵地图，湖水是人的心绪，宁静的湖面是人的理性，而无限延伸的湖岸是我们自由奔放的想象力。湖泊孕育了宁静和悠远，是人们精神的归宿。人们与湖泊的亲密接触，也是融于自然的过程，这是对人们灵气和活力的启蒙。

2021 年 9 月，我国"神舟十二号"飞船上的航天员发回一组在轨拍摄的地球高清大片，其中一张就是温柔地铺呈在亚欧大陆上的巴尔喀什湖。在太阳翼帆板与深邃宇宙所构成的夹角中，蓝色新月般的巴尔喀什湖展现了咸淡共存的湖面，呈现出明显的色彩深浅差异。它仿佛在通过来自遥远太空中展现的画面，告诉我们这世间奇景，期望能成为地球的永恒印记，而不是人们的历史记忆。

伊塞克湖虽被雪山环抱，却终年不冻，中国古称"热海"。按面积算，伊塞克湖是世界第二大高山湖泊；若按湖深和湖水量算，它则居于世界首位。

　　我其实一直很好奇伊塞克湖是怎样的一个湖，能让历经千难万险、见过激流大泽的高僧玄奘，在《大唐西域记》中专门用一段详尽生动的笔墨来描绘这个湖泊。

　　高僧玄奘在去印度取经途中路过伊塞克湖，详细记载："清池亦云热海。见其对凌山不冻，故得此名。""周千四五百里，东西长，南北狭，望之淼然。

◎离开湖区不远，也会有荒漠区　李耀明 摄

无待激风而洪波数丈。""四面负山，众流交凑，色
带青黑，味兼咸苦，洪涛浩汗，惊波汨淴。龙鱼杂
处，灵怪间起。所以往来行旅，祷以祈福，水族虽多，
莫敢渔捕。"

　　作为一本由玄奘口述、辩机编撰的地理史籍，
《大唐西域记》共 12 卷。记载的是玄奘从长安出发
西行游历西域的所见所闻，从不同层面、不同角度、
不同深度反映了西域的风土民俗。这其中当然包括
那些给他留下深刻印象的山川河湖。而这些记载后
来都成了人们了解中亚、印度等地历史、地理的重
要文献。《大唐西域记》中对伊塞克湖的描绘，是目
前发现的史料中对此湖最早最详细的记载。

　　伊塞克湖（Issyk-kul Lake）地处吉尔吉斯斯坦
境内天山山脉北麓的伊塞克湖盆地，距离吉尔吉斯
斯坦首都比什凯克市 200 多千米，古称"图斯池""清
池""热海"。伊塞克湖位于海拔 1607 米的高山上，
周围流域有 100 余条河流注入其中，且没有一条流
出。伊塞克湖除了有大量地表水的注入外，还有数
量不低的地下水补给。在全世界的高山湖泊中，伊
塞克湖按面积算仅次于南美洲玻利维亚与秘鲁之间
的的的喀喀湖，是世界第二大高山湖泊；若按湖深和
湖水量算，伊塞克湖则居于世界首位。伊塞克湖最深
处约 702 米，平均水深 278.4 米，水的容量大概为 1.74
万亿立方米，是青海湖的 10 多倍。作为一个咸水湖，
本身就冰点低，加上湖区局部常有大风形成表面流，

因此就算温度达到冰点也难以结冰，所以伊塞克湖
虽被雪山环抱，却终年不冻。

　　我原本是带着浓烈的中国水墨画的视角去审视
这个湖的。可能是源于玄奘的描绘，也有可能是心底
一直惦记着离湖区不远的碎叶城是伟大诗人李白的
故乡。但真正开始接近伊塞克湖，发现必须要调整思
路，因为走在前往湖区的路上，会恍然以为自己走
在瑞士的阿尔卑斯山南部。那种高大山体的视觉冲

◎伊塞克湖周围荒漠区生长的麻
黄　李耀明 摄

◎湖周山上的雪岭云杉密布　李耀明 摄

击、高度郁闭的森林植被，山涧随时与小路相伴的欢愉，甚至连山体的颜色和植物的布局都有几分相似。加上随后看见那深邃湛蓝的湖面，清爽素白的沙滩，这哪里是水墨画，简直就是一幅色彩浓郁的油画。

我们从环湖公路上越过几道沟沟坎坎，便开始在湖周茂密的森林里徒步前行。这里的林间小路充分印证了鲁迅先生的那句话："世上本没有路，走的人多了，便也成了路。"其实可能是来此度假的人比较多，在茂密丛林里，你总能不经意就发现一条条若有若无的路。在我们前面攀爬的是一对来自荷兰的小两口，他们是来旅游的。伊塞克湖是知名的休闲度假胜地，在这里遇到来自欧洲各国游客的概率很高，那些林间小路大多是游客踩出来的。

一路走，一路躲避从山涧冲下来的小股泥沙。这林间植物太茂盛，郁闭度太高，以至于尽管是大晴天，依旧不太容易看到太阳。加上山峦间有点薄薄的雾气，让你总觉得自己在仙境里徘徊。其实这山间高大的树木就是雪岭云杉（*Pilea schrenkiana*），与中国境内天山上的雪岭云杉是一样的。但因这里水汽充沛，海拔适宜，雪岭云杉长得格外高大，以至于让我恍然这到底是不是雪岭云杉，一定要捡一个球果来确认。同行者突然笑起来说："居然连雪岭云杉都不认识了。"雪岭云杉在天山很常见，它的根系极发达，每一株雪岭云杉都可以称得上是一座微型水库，它凭借着庞大的根系，如抽水机一般从土壤中汲取水分，每一株成材的雪岭云杉的贮水能力可达 2.5 吨。广阔的雪岭云杉生长区就是宝贵的水源涵养区。而伊塞克湖周的雪岭云杉实在是高大茂盛，说明它的储水能力很强。

我还执着于强调物种在不同气候环境条件下的生长差异，同行者已不理我自顾自地往前攀爬了。其实路并不好走，森林里布满了苔藓、地衣，阳光照不到的小路上总有几分湿滑。时不时地还有荨麻打扰，一不小心就被它"咬"了手。因为碰触到荨麻，它叶子上的刺毛尖端便会断裂，释放出蚁酸，刺激皮肤产生痛痒的感觉。但路途却让人很愉悦，听到林间鸟儿在欢歌，不过离我最近的却是一只暗绿柳莺（*Phylloscopus trochiloides*），它的啼叫连续且单调，一点儿也不婉转，总以快速的"嘟"声收尾，像被人挂断了电话，这让我有些失望。

我们此行的目的地是位于伊塞克湖南部的特斯克阿拉套山前地带的克孜尔苏山地生态系统野外观测与研究站，其始建于 1948 年，曾是苏联科学院的天山自然地理研究站，也是世界地学领域首个在中亚建立的野外地学监测站。它观测研究的范围涵盖了从海拔梯度 1609 米的伊塞克湖水面水温、水位监测网络到 2540 米的生态气象观测研究，再到 3430 米的冰川观测与研究，在不到 30 千米的范围内了开展了包括生物、土壤、气象、水文水资源等多学科的山地生态系统观测与研究，是理想的天然实验室。

为进一步促进中国与中亚国家在资源开发、生态环保领域的科研合作，2014 年由中国科学院新疆生态与地理研究所促成建设的中国科学院中亚生态与环境研究中心正式运行。随着该中心吉尔吉斯斯坦分中心的成立，克孜尔苏山地生态系统野外观测与研究站也成为中吉科学家共同建设使用的一个野外观测站。如今，科学无国界在这里得到了充分体现，来自美国科罗拉多大学、俄罗斯莫斯科大学、日本东京大学及法国和德国等国的多家科研机构的研究人员在该站开展相关的研究工作。

◎中吉科学家共建的克孜尔苏山地生态系统野外观测与研究站全貌　李耀明 摄

◎伊塞克湖湖畔的白沙滩　李耀明 摄

　　环湖路旁是干净到让人有些不忍踩踏的白色沙滩，是的，深居欧亚大陆腹地、距离海洋非常遥远的伊塞克湖，给这里的人们送上了一片海岸般的碧水沙滩。这让深居内陆的人们享受到了最惬意的海岸风景，同时，比在海边更惬意的是，一回头还能看到葱郁的森林，而且不那么酷热难耐。可能是因为海拔高的原因，站在湖边的沙滩上，即便是太阳很大，你也只会觉得晒而不会觉得热，甚至还有丝丝凉意。在宽阔的湖面上能够充分感受到阳光在雪山、湖水和沙滩上变幻出的不同色彩。

　　行走于伊塞克湖的每一天，我都在反复思考一个问题：为何每次靠近它，我都会感到无比舒适和喜

◎伊塞克湖上的游艇　李耀明 摄

悦，总被一种非常轻松愉快的情绪萦绕？某一天，我
在穿梭山林远眺湖泊时，恍然感觉自己几乎完整地
融入了这湖光山色中，仿佛我便是其中的一棵雪岭
云杉或者一只蹦蹦跳跳的松鼠。我突然意识到，在
这里，会让人完全融入自然中，能听到荒野的呼唤，
能体会心灵的宁静。在阳光下，呼吸雪岭云杉的气
味，体验脚下岩石的坚实，感受水花和山涧的润泽，
使自己成为荒野的一部分。而那些雪岭云杉、那些静
置于湖泊和山野中的岩石，在人类存在之前就已存
活于地球上了，它们具有历经沧海的宁静，它们不
仅是树、是岩石，它们更是人类生存历程的见证者。

　　也许是这里浓郁的自然气息，也许是这里气候

273

适宜且交通顺畅，伊塞克湖是中亚盛名已久的度假胜地。在前往湖区的路途中，我们遇到了不少前来旅游的人，看到了非常魔幻的状况：你会在同一时空，看到最现代豪华的汽车，也能看到在老电影中才会见到的那种老式"拉达车"。人们的装扮也让你有季节混乱的感觉，有穿厚实冲锋衣的，有穿春秋帽衫的，也有穿清凉沙滩装的，因为游客目的不同，徒步爬山、沙滩度假和环湖漫步，所以各有各的装扮，一日四季似乎并不奇怪。

其实伊塞克湖并非如今才这般吸引游客，它曾是丝绸之路北道的必经之地，也是东西方往来商贾的集结之所，湖边还有被淹的古城遗址。我觉得有趣

◎在当地比较常见的老式小轿车　李耀明 摄

　　的是，伊塞克湖畔有一些有特色的城市，比如湖东岸的卡拉科尔市，这里有尼科莱·米哈伊洛维奇·普尔热瓦尔斯基的墓。1888 年 10 月 20 日，一生狂热爱好探险的普尔热瓦尔斯基，把自己永远地留在了伊塞克湖畔。普氏野马、普氏羚羊等都以他的名字命名。他曾四次到亚洲探险，到过罗布泊无人区、可可西里无人区、黄河源头、乌苏里江等，但却因一个小小的伤寒在伊塞克湖畔不治而逝。卡拉科尔市曾有一个时期是以他的名字命名的，至今这里仍建有普尔热瓦尔斯基博物馆。

　　伟大的诗人李白也出生在离湖区不远的碎叶城，不知道他那天马行空、美妙绝伦、气势磅礴的诗句，

◎伊塞克湖是中亚的度假胜地　范书财 摄

◎普尔热瓦尔斯基博物馆　李耀明 摄

◎普尔热瓦尔斯基的纪念雕塑　李耀明

有没有受到这里秀美壮丽景色的浸染。我很怀疑"海客谈瀛洲，烟波浩渺信难求"的诗句，某种意义上是他血脉中受伊塞克湖的感染而写出的诗句。

　　除了是旅游胜地外，伊塞克湖还是吉尔吉斯斯坦最重要的渔业水体。湖内有 20 余种鱼，包括鳟鱼、白鲑、欧鳊、梭鲈、冬穴鱼等，不少是引入鱼种，用以发展渔业水产。有鱼自然有鸟类，在这里你会看到潜鸭、绿头鸭、秃头蹼鸡和水鸭等 200 多种鸟类。当地的环保意识非常强，所以早在 1948 年就设立了面积为 73.3 万公顷的伊塞克湖野生动物自然保护区，不仅保护湖区，也保护了湖周的动植物和生态环境。

　　虽然伊塞克湖是咸水湖，但这并不影响流域的农业发展。从山脉上发源的河流注入湖水之中，通过河流的冲击形成了大面积的冲积平原，造就了伊塞克湖沿岸土壤肥沃、土地平坦的有利农业条件，所以，伊塞克湖流域也是吉尔吉斯斯坦重要的粮食生产区和畜牧业生产区。

苏联科学家科瓦尔斯基和沃罗特尼茨卡娅的研究发现，伊塞克湖那湛蓝的湖水和其他一些大陆蓄水盆地（如里海）的水一样含铀。在伊塞克湖中发现了生物从水中聚集铀的现象，而湖中铀的主要富集体是翰藻科的藻类植物，在这里会见到翰藻科藻类植物异常多形的现象。科学家还发现，铀在伊塞克湖湖底淤泥中的含量与湖中翰藻科藻类植物在生前聚集铀的作用有关。其实不少山区的地表水都含铀，但因含量不超标，所以并不影响正常饮用和水产业的发展。

近年来，伊塞克湖在气候变化和人类活动的双重影响下，湖水水位持续下降，面积收缩，对区域生态环境造成了很大的影响。依据历史监测数据，伊塞克湖的湖泊水位表现出明显的不稳定性。科学家通过对伊塞克湖气候水文资料和社会经济数据的分析发现，流域内土地利用类型的变化和需水量的变化是引起湖泊水位变化的重要人为因素。同时，湖面蒸发量和流域河流径流量的变化也是引起伊塞克湖水位动态变化的重要因素。

我在看这些科研文献的时候，内心不停地祈祷，但愿这枚高山蓝宝石能永远无恙地镶嵌于天山山脉，让生活在欧亚大陆腹地的人们永远有机会去领略它的高山森林和阳光沙滩有机结合的秀美景色，给这里的人们留一片净土去感悟自然，去融入荒野。

## 1　托勒库勒湖：幻彩静谧隐奇观

[1]　陶士臣，安成邦，赵家驹，等.新疆东部
托勒库勒湖流域表土花粉初步分析 [J]. 第
四纪研究，2013, 33(3): 545-553.

[2]　陶士臣.新疆东部湖泊沉积花粉记录的
全新世植被与环境 [D]. 兰州：兰州大学，
2011.

[3]　习通源，付一豪，王渭真，等.新疆伊吾
盐池古城遗址 2017 年度调查简报 [J]. 西
部考古，2020(1): 26-38.

[4]　胡克林，冯彦生，李永东.伊吾盐湖资源
的开发应用研究 [J]. 新疆工学院学报，
1994(1): 52-56.

[5]　李婕，衣丽霞，赵倩，等.不同水质对杜
氏盐藻生长和生理的影响 [J]. 天津科技大
学学报，2016, 31(4): 30-34.

## 2　巴里坤湖：迷离蜃市罩山峦

[1]　柯普.一首描写盐湖的古诗 [J]. 地球，
1991(6): 25.

[2]　王振，李均力，包安明，等 .1995—2020
年新疆巴里坤湖面积时序变化及归因 [J].

干旱区研究，2021, 38(6): 1514-1523.

[3]　李二阳，马雪莉，吕杰，等.新疆天山北
坡不同盐湖微生物菌群结构及其影响因
子 [J]. 生态学报，2021, 41(18): 7212-7225.

[4]　徐媛，鲍雅静，李政海，等.巴里坤湖流
域生态安全评价及预测研究 [J]. 大连民族
大学学报，2017, 19(5): 442-444+460.

[5]　赵家驹.新疆东部巴里坤湖记录的末次盛
冰期以来气候变化研究 [D]. 兰州：兰州
大学，2014.

[6]　汪海燕，岳乐平，李建星，等.全新世以
来巴里坤湖面积变化及气候环境记录 [J].
沉积学报，2014, 32(1): 93-100.

[7]　薛积彬，钟巍.新疆巴里坤湖全新世气候
环境变化与高低纬间气候变化的关联 [J].
中国科学：地球科学，2011, 41(1): 61-73.

[8]　胡汝骥.中国天山自然地理 [M]. 北京：中
国环境科学出版社，2004.

[9]　赵正阶.中国鸟类志 [M]. 长春：吉林科学
技术出版社，2001.

[10]　马鸣，李都.图览新疆野生动物 [M]. 乌鲁
木齐：新疆青少年出版社，2016.

## 3 沙尔湖：娇容尽失留芳名

[1] 马吉青. 逝去的湖泊 [J]. 地球, 2001(5): 3.

[2] 宋立州. 明清丝绸之路哈密—吐鲁番段"沙尔湖路"研究 [J]. 历史地理研究, 2021, 41(01): 92-104+158-159.

[3] 吴济夫. 哈密雅丹地貌生态园走笔 [J]. 大众科学, 2017(10): 2.

[4] 袁传杰, 黄雪莉. 新疆沙尔湖褐煤的结构与热解特性 [J]. 煤质技术, 2013(3): 1-4.

[5] 栗惠文, 董曼, 田宁, 等. 新疆沙尔湖中侏罗世狭叶拟刺葵（*Phoenicopsis angustifolia Heer*）的古环境意义 [J]. 地球科学, 2022, 47(2): 532-543.

[6] 李玉坤, 李广. 吐哈盆地沙尔湖煤田煤质煤岩特征及煤相分析 [J]. 煤炭科学技术, 2019, 47(5): 198-205.

[7] 高歌. 三去沙尔湖寻宝 [J]. 新疆人文地理, 2015(8): 90-93.

[8] 董曼. 新疆沙尔湖煤田中侏罗世植物化石 [D]. 长春: 吉林大学, 2012.

[9] 韩沁言. 沙尔湖：正在崛起的新能源基地 [N]. 新疆日报（汉）, 2009-01-22(010).

[10] 野岛三郎. 神游哈密南湖大峡谷魔鬼城 [J]. 新疆人文地理, 2012(5): 60-63.

## 4 艾丁湖：一抹月光洒银湖

[1] 方静, 陈立, 刘亮, 等. 艾丁湖流域绿洲湿地退变成因及发展趋势预测 [J]. 地下水, 2022, 44(1): 91-93.

[2] 梁珂, 徐志侠, 王海军, 等. 艾丁湖流域绿洲变化与地下水开发利用关系分析 [J]. 安徽农业科学, 2021, 49(22): 205-208.

[3] 刘亮, 陈立, 张明江. 艾丁湖流域不同水盐条件与天然植被关系 [J]. 四川地质学报, 2020, 40(2): 258-262.

[4] 杨朝晖, 谢新民, 王浩, 等. 面向干旱区湖泊保护的水资源配置思路——以艾丁湖流域为例 [J]. 水利水电技术, 2017, 48(11): 31-35.

[5] 吉小敏, 彭钼植, 雷春英, 等. 不同类型盐分对盐穗木种子萌发及幼苗生长的影响 [J]. 西北林学院学报, 2022, 37(3): 114-119.

[6] 胡志刚. 艾丁湖的变迁和艾丁湖洼地的地理教学意义 [J]. 地理教学, 2010(12): 4-6.

[7] 胡汝骥. 中国天山自然地理 [M]. 北京: 中国环境科学出版社, 2004.

## 5 乌伦古湖：烟波浩渺落霞孤

[1] 陈瑾. 简述乌伦古湖入湖水量及湖水位情势分析 [J]. 中国水能及电气化, 2013(6): 65-67.

[2] 刘宇航, 夏敦胜, 周爱锋, 等. 乌伦古湖全新世气候变化的环境磁学记录 [J]. 第四纪研究, 2012, 32(4): 803-811.

[3] 周建超, 吴敬禄, 曾海鳌. 新疆乌伦古湖沉积物粒度特征揭示的环境信息 [J]. 沉积学报, 2017, 35(6): 1158-1165.

[4] 于雪峰 . 乌伦古湖渔业资源现状及保护措施 [J]. 黑龙江水产 , 2020, 39(3): 8-9.

[5] 王宁 , 庄晓颐 , 王勇 . 乌伦古湖踏雪寻鱼 [J]. 新疆人文地理 , 2013(2): 96-99.

[6] 李晴新 , 黄亚慧 , 张代富 , 等 . 白头硬尾鸭 隐匿在新疆的湿地 [J]. 森林与人类 , 2014(6): 44-51.

[7] 赵序茅 , 马鸣 , 张同 . 生境堪忧的白头硬尾鸭 [J]. 大自然 , 2013(1): 78-81.

[8] 一凡 , 张云博 , 东明 , 等 . 断翅的天空 中国三大鸟类迁徙通道调查 [J]. 环球人文地理 , 2017(19): 14-23.

## 6 达坂城盐湖：水天相接胜“死海”

[1] 李典鹏 , 姚美思 , 孙涛 . 干旱区盐湖沿岸土壤呼吸特征及其影响因素 [J]. 干旱区地理 , 2020, 43(3): 761-769.

[2] 章瑞雪 , 廖亮 , 殷翠婷 , 等 . 新疆达坂城盐湖中度嗜盐微生物的筛选分离与其抑菌性、生长特性初步研究 [J]. 生物技术世界 , 2013, 10(7): 2-3.

[3] 郑绵平 . 论中国盐湖 [J]. 矿床地质 2001(2): 181-189+128.

[4] 张明刚 . 新疆盐湖卤水水化学特征研究 [J]. 盐湖研究 , 1993(1): 17-32.

[5] 魏东岩 . 新疆盐湖 [J]. 地球 , 1991(6): 27.

[6] 郑喜玉 . 新疆盐湖及其成因 [J]. 海洋与湖沼 , 1984(2): 168-178.

## 7 柴窝堡湖：丝路驿站今尚在？

[1] 李志勇 , 武红旗 , 范燕敏 , 等 . 柴窝堡湖流域土地利用变化分析 [J]. 新疆农业大学学报 , 2021, 44(2): 111-116.

[2] 张科峰 , 朱建雯 . 柴窝堡湖湿地生态服务功能价值评估初探 [J]. 环境与发展 , 2018, 30(12): 192-193.

[3] 王永嘉 . 近十余年柴窝堡湖遥感动态监测研究 [J]. 干旱环境监测 , 2017, 31(4): 168-171+181.

[4] 张卫东 , 安沙舟 , 张勇娟 , 等 . 柴窝堡湖湿地植物群落结构的变化研究 [J]. 新疆农业科学 , 2016, 53(9): 1734-1742.

[5] 华子千 , 朱红 , 卫新成 , 等 . 斑头雁 (Auser Indicus) 氧合血红蛋白的结晶和 X 射线的初步分析 [J]. 生物物理学报 , 1990(2): 221-223.

[6] 胡汝骥 . 中国天山自然地理 [M]. 北京 : 中国环境科学出版社 , 2014.

## 8 艾比湖：盐尘安能虐碧湖？

[1] 马鸣 , 克德尔汗·巴亚恒 , 李飞 , 等 . 新疆艾比湖湿地自然保护区鸟类清单及秋季迁徙数量统计 [J]. 四川动物 , 2010, 29(6): 912-918+1026.

[2] 延琪瑶 , 王力 , 张芸 , 等 . 新疆艾比湖小叶桦湿地 3900 年以来的植被及环境演变 [J]. 应用生态学报 , 2021, 32(2): 486-494.

[3] 徐博言 . 艾比湖卤虫生长环境特点、采集及应用优势 [J]. 渔业致富指南，2014(2): 43-44.

## 9 喀纳斯湖：仙境只若天上有

[1] 王斯文 . 新疆阿尔泰山喀纳斯湖演化过程 [D]. 大连：辽宁师范大学，2016.

[2] 努尔巴依·阿布都沙力克，曹定贵 . 喀纳斯针叶林 在湖泊周围绽放美丽 [J]. 森林与人类，2013(S1): 46-53.

[3] 崔绍朋，陈代强，王金宇，等 . 新疆阿尔泰山喀纳斯河谷鸟兽物种的红外相机监测 [J]. 生物多样性，2020, 28(4): 435-441.

[4] 王德忠 . 哲罗鲑的生物学——兼谈喀纳斯湖大红鱼 [J]. 干旱区研究，1989(2): 44-49.

[5] 赵正阶 . 中国鸟类志：上卷（非雀形目）[M]. 长春：吉林科学技术出版社，2001：766-767.

[6] 薛儒鸿，焦亮，刘小萍，等 . 新疆阿尔泰山不同海拔西伯利亚落叶松径向生长对气候变化的响应稳定性评价 [J]. 生态学杂志，2021, 40(5): 1275-1284.

## 10 天山天池：瑶池碧水照博峰

[1] 刘黎，陈宁生，田连权 . 近 37a 新疆天山天池气候变化及其对生态环境的影响 [J]. 干旱区资源与环境，2010, 24(10): 5.

[2] 王斌，马健，王银亚，等 . 天山天池水体季节性分层特征 [J]. 湖泊科学，2015,

27(6): 1197-1204.

[3] 潘燕芳，阎顺，穆桂金，等 . 天山雪岭云杉大气花粉含量对气温变化的响应 [J]. 生态学报，2011, 31(23): 14-21.

[4] 苏桂莲 . 天池自然保护区湿地的六大功能 [J]. 新疆林业，2006(6): 35-36.

[5] 孔凯凯，韩炜，马霄华 .1969–2016 年天山天池降水变化及其影响因素分析 [J]. 新疆师范大学学报 ( 自然科学版 )，2018, 37(2): 10-16.

[6] 赵然 . 天山天池：自然与人文的交融 [J]. 今日中国，2016, 65(1): 93-95.

[7] 唐慧，田晓霞 . 申遗成功对新疆天山天池的影响研究 [J]. 旅游纵览，2015(18): 108.

[8] 王学华 . 奇峰耸翠天山路 碧水澄澈话瑶池 新疆天山天池国家地质公园 [J]. 地球，2015(3): 94-97.

## 11 赛里木湖：世外灵壤遗海泪

[1] 秦启勇，李雪梅，张博，等 . 2000—2019 年赛里木湖湖冰物候特征变化 [J]. 干旱区地理，2022, 45(1): 37-45.

[2] 葛婷婷，周金龙，张杰，等 . 赛里木湖面积变化特征及驱动因子分析 [J]. 新疆农业大学学报，2020, 43(5): 342-349.

[3] 刘笑伟 . 赛里木湖的"心跳"[J]. 中国出入境观察，2020(8): 86-87.

[4] 陈京，吉力力·阿不都外力，马龙 . 赛里

木湖沉积物有机质变化特征及其环境信息 [J]. 冰川冻土 , 2016, 38(3): 761-768.

[5] 刘瑛 , 梁艳 . 科学和艺术在 "喀纳斯论坛" 完美邂逅 [N]. 新疆经济报 , 2013-08-28.

## 12　博斯腾湖：白鹭比翼舞落霞

[1] 郭冬 , 吐尔逊·哈斯木 , 张同文 , 等 . 博斯腾湖流域气候变化及其对径流的影响 [J]. 沙漠与绿洲气象 , 2022, 16(1): 87-95.

[2] 雪克来提·巴斯托夫 , 梁犁丽 , 冶运涛 , 等 . 博斯腾湖小湖区生态环境现状与治理措施 [J]. 人民黄河 , 2021, 43(S2): 88-90.

[3] 史玮 . 博斯腾湖地区全域旅游发展策略 [J]. 当代旅游 , 2021, 19(29): 48-50.

[4] 杜菲 . 博斯腾湖流域生态环境评价及土地利用变化模拟 [D]. 乌鲁木齐 : 新疆大学 , 2021.

[5] 秦卫华 . 睡莲王国——博斯腾湖国家湿地公园 [J]. 生命世界 , 2020(11): 66-79.

[6] 凌瑜楠 , 刘英 , 彭佳宾 , 等 . 博斯腾小湖最低生态水位与水量盈缺分析 [J]. 环境工程 , 2020, 38(10): 26-32+60.

[7] 王丽 . 博斯腾湖：大漠里的 "西塞明珠"[J]. 劳动保障世界 , 2020(10): 70-71.

[8] 姚俊强 , 陈静 , 迪丽努尔·托列吾别克 , 等 . 博斯腾湖流域气候水文变化及对湖泊水位的影响研究 [J]. 人民珠江 , 2021, 42(4): 19-27.

[9] 王普泽 , 宋聃 , 张尹哲 , 等 . 博斯腾湖鱼类资源组成、体长与体重关系及生长状况 [J]. 生物资源 , 2020, 42(2): 181-187.

[10] 侯森林 , 费宜玲 , 刘大伟 , 等 . 白鹭和大白鹭羽毛显微结构观察 [J]. 南京林业大学学报 , 2022, 46(1): 156-162.

[11] 张敏 , 迪丽努尔·阿吉 . 博斯腾湖西岸人工湿地生态系统服务价值评估研究 [J]. 海洋湖沼通报 , 2021, 43(5): 169-174.

## 13　台特玛湖：群鸟又归觅佳境

[1] 董宗炜 , 徐至远 , 张鹏 . 生态输水对台特玛湖面积和植被的影响 [J]. 水利规划与设计 , 2022(3): 64-66+88.

[2] 鲁涛 , 刘维 , 徐玉波 , 等 . 台特玛湖干涸湖盆区风蚀起沙研究 [J]. 干旱区资源与环境 , 2021, 35(11): 119-126.

[3] 王雅梅 , 张青青 , 徐海量 , 等 . 生态输水前后台特玛湖植物多样性变化特征 [J]. 干旱区研究 , 2019, 36(5): 1186-1193.

[4] 艾克热木·阿布拉 , 朱俏俏 , 徐海量 , 等 . 台特玛湖植被变化特征 [J]. 新疆大学学报（自然科学版）, 2019, 36(2): 182-191.

[5] 蔡东旭 , 李生宇 , 刘耀中 , 等 . 台特玛湖干涸湖盆区植物风影沙丘的形态特征 [J]. 干旱区地理 , 2017, 40(5): 1020-1028.

[6] 周小玲 . 从沙漠化到碧波万顷 [J]. 当代兵团 , 2013(16): 24-25.

## 14 罗布泊：千秋梦里存泑泽


[1] 张瑜，马黎春，王凯．罗布泊干盐湖第四纪环境演变研究进展 [J]. 地球科学进展，2022, 37(2): 149-164.

[2] 符晓波．科技创新造就盐湖开发奇迹 罗布泊钾肥撒遍乡间沃土 [N]. 科技日报，2021-12-29(002).

[3] 高丽君，萨根古丽，卡米拉·亚力肯．罗布泊地区维管束植物多样性及地理分布 [J]. 新疆林业，2021(4): 44-46+48.

[4] 唐尚书，郑炳林．近二十年来罗布泊地区生态环境研究综述 [J]. 生态学报，2019, 39(14): 5157-5165.

[5] 特列吾汗·巴合提．新疆罗布泊野骆驼国家级自然保护区生物多样性特点及保护对策分析 [J]. 农家参谋，2018(23): 113.

[6] 高建群．罗布泊档案 [J]. 西部大开发，2018(6): 148-149.

[7] 程芸，袁磊，沙拉，等．罗布泊野骆驼自然保护区野骆驼种群数量研究 [J]. 新疆环境保护，2018, 40(2): 14-20.

[8] 胡文康，王炳华．一个正在解开的谜：罗布泊 [M]. 乌鲁木齐：新疆人民出版社，1995.


## 15 可可西里湖：断陷湖里现冰莲


[1] 陈浩．可可西里湖泊考察记——可可西里湖 [J]. 西藏人文地理，2020(1): 70-81.

[2] 田坤，黄勇士，谢俊，等．中国湖泊，一半在青藏高原 [J]. 森林与人类，2018(12): 76-91.

[3] 苗国文，刘振锋，柏红喜，等．青海可可西里湖沼丘陵景观区枯水期化探采样方法技术探讨 [J]. 中国矿业，2015, 24(S2): 124-127.

[4] 朱迎堂，贾全香，伊海生，等．青海可可西里湖地区新生代两期火山岩 [J]. 矿物岩石，2005(4): 23-29.

[5] 朱迎堂，郭通珍，彭伟，等．可可西里湖幅地质调查新成果及主要进展 [J]. 地质通报，2004(Z1): 543-548.

[6] 胡东生．可可西里地区湖泊概况 [J]. 盐湖研究，1994(3): 17-21.

[7] 姚晓军，刘时银，李龙，等．近 40 年可可西里地区湖泊时空变化特征 [J]. 地理学报，2013, 68(7): 886-896.

[8] 朱立平，张国庆，杨瑞敏，等．青藏高原最近 40 年湖泊变化的主要表现与发展趋势．中国科学院院刊，2019, 34(11): 1254-1263.

[9] 吴月辉．中国科学家首次测得可可西里湖泊水下地形数据 [N]. 人民日报，2020-03-30.


## 16 青海湖：雪域高原映碧湖


[1] 康维海．青海湖自然资源和生态环境总体向好 [N]. 中国自然资源报，2022-03-23(002).

[2] 陈海莹，郑全顺，李先玥，等．近二十年

来青海湖流域湿地景观格局动态变化分析 [J]. 中国科技信息，2022(5): 84-88+90.

[3] 郭丰杰，李婷，季民 .2000—2019 年青海湖面积时序特征分析及预测 [J]. 科学技术与工程，2022, 22(2): 740-748.

[4] 杨显明，张鸽，加壮壮，等 . 全球气候变化背景下青海湖岸线变化及其对社会经济影响 [J]. 高原科学研究，2021, 5(4): 1-9+15.

[5] 刘超明，岳建兵 . 国家公园设立符合性评价分析：以拟建青海湖国家公园为例 [J]. 湿地科学与管理，2021, 17(3): 49-53.

[6] 李积兰，马生林 . 青海湖区生态环境恶化原因探析 [J]. 水利经济，2006(4): 8-11+81.

[7] 李吉均 . 青藏高原隆升与亚洲环境演变 [M]. 北京：科学出版社，2006.

## 17　茶卡盐湖：面空为镜解云语

[1] 刘兴起，王永波，沈吉，等 .16000a 以来青海茶卡盐湖的演化过程及其对气候的响应 [J]. 地质学报，2007, 81(6): 843-849.

[2] 段毅，夏嘉，何金先，等 . 茶卡盐湖沉积物和周围地区植物中正构烷烃及其氢同位素组成特征 [J]. 地质学报，2011, 85(12): 2084-2092.

[3] 于升松，刘兴起，谭红兵，等 . 茶卡盐湖水文、水化学及资源开发研究 [J]. 盐湖研究，2005, 13(3): 7.

[4] 薛滨，姚书春 . 中国湖泊历史图谱 [M]. 南京：南京大学出版社，2020.

[5] 肖慧 . 茶卡盐湖旅游污染治理现状及防治对策 [J]. 绿色科技，2020(4): 72-73+76.

[6] 屈李华，赵芳，周晓颖，等 . 北羌塘盆地康如茶卡盐湖矿床地质特征及成矿模式研究 [J]. 新疆地质，2018, 36(4): 469-475.

[7] 苟照君，刘峰贵 . 茶卡盐湖 [J]. 全球变化数据学报 ( 中英文 ), 2018, 2(2): 230-231+353-354.

## 18　库木库勒湖：世界屋脊水沙缘

[1] 李拴科 . 库木库里沙漠形成时代的初步探讨 [J]. 干旱区研究，1992(2): 27-32.

[2] 袁国映，雪克热提，张斌，等 . 阿尔金山自然保护区的土壤类型及分布规律 [J]. 干旱区研究，1990(2): 17-24.

[3] 李维东，等 . 新疆阿尔金山国家级自然保护区综合科学考察 [M]. 乌鲁木齐：新疆科技出版社，2013.

[4] 凌智永，周亚辉，李廷伟，等 . 东昆仑库木库里沙漠表层沉积物粒度特征、物源与沉积环境 [J]. 干旱区地理，2017, 40(5): 1013-1019.

## 19　阿牙克库木湖：高原深处有名湖

[1] 郭敬辉 . 新疆水文地理 [M]. 北京：科学出版社，1998.

[2] 李均力，白洁，王亚俊 .1964—2015 年阿

牙克库木湖时序变化的气候响应 [J]. 干旱区研究 , 2018, 35(1): 85-95.

[3] 陈亚宁 , 杨青 , 罗毅 , 等 . 西北干旱区水资源问题研究思考 [J]. 干旱区地理 , 2012, 35(1): 1-9.

[4] 郑喜玉 . 中国盐湖总论 [M]. 北京 : 科学出版社 , 2002.

[5] 张文春 , 张理想 , 马金锋 , 等 . 近 40 余年阿牙克库木湖的时序变化研究 [J]. 吉林建筑大学学报 , 2019, 36(6): 23-26.

[6] 许学伟 , 吴敏 , 吴月红 , 等 . 新疆阿牙克库木湖可培养嗜盐古菌的种群结构 [J]. 生态学报 , 2007(8): 3119-3123.

[7] 王松涛 , 金晓媚 , 高萌萌 , 等 . 阿牙克库木湖动态变化及其对冰川消融的响应 [J]. 人民黄河 , 2016, 38(7): 64-67.

## 20  咸海：苍茫迷失 "岛之海"

[1] 吕叶 , 杨涵 , 黄粤 , 等 . 咸海流域陆地水储量时空变化研究 [J]. 干旱区地理 , 2021, 44(4): 943-952.

[2] 昝婵娟 , 黄粤 , 李均力 , 等 .1990—2019 年咸海水量平衡及其影响因素分析 [J]. 湖泊科学 , 2021, 33(4): 1265-1275.

[3] 何明珠 , 高鑫 , 赵振勇 , 等 . 咸海生态危机 : 荒漠化趋势与生态恢复防控对策 [J]. 中国科学院院刊 , 2021, 36(2): 130-140.

[4] 杨雪雯 , 王宁练 , 陈安安 , 等 . 中亚干旱区咸海面积变化与人类活动及气候变化

的关联研究 [J]. 冰川冻土 , 2020, 42(2): 681-692.

[5] 李靖 , 李浩 , 王树东 , 等 . 中亚五国主要湖泊水面变化特征及关键影响因素分析 [J]. 遥感技术与应用 , 2019, 34(3): 639-646.

## 21  巴尔喀什湖：一轮新月卧旱域

[1] 王正 , 黄粤 , 刘铁 , 等 . 近 60 a 巴尔喀什湖水量平衡变化及其影响因素 [J]. 干旱区研究 , 2022, 39(2): 400-409.

[2] 段伟利 , 邹珊 , 陈亚宁 , 等 .1879—2015 年巴尔喀什湖水位变化及其主要影响因素分析 [J]. 地球科学进展 , 2021, 36(9): 950-961.

[3] 刘婉如 . 巴尔喀什湖流域蒸散发对生态环境变化的响应研究 [D]. 乌鲁木齐 : 新疆大学 , 2021.

[4] 吴淼 , 张小云 , 王丽贤 , 等 . 哈萨克斯坦巴尔喀什湖 – 阿拉湖流域水资源及其开发利用 [J]. 河海大学学报 ( 自然科学版 ), 2013, 41(1): 11-20.

[5] 郭利丹 , 夏自强 , 王志坚 . 咸海和巴尔喀什湖水文变化与环境效应对比 [J]. 水科学进展 , 2011, 22(6): 764-770.

[6] 王宾贤 . 巴尔喀什湖东方真鳊 (*Abramis brama*) 的几个生物学问题和它的渔业 [J]. 湖南水产科技 , 1982(2): 64-66.

[7] 贺振杰 , 马龙 , 吉力力·阿不都外力 , 等 . 哈

萨克斯坦巴尔喀什湖沉积物粒度特征及其对区域环境变化的响应 [J]. 干旱区地理, 2021, 44(5): 1317-1327.

[8] 李均力, 包安明, 胡汝骥, 等. 亚洲中部干旱区湖泊的地域分异性研究 [J]. 干旱区研究, 2013, 30(6): 941-950.

## 22  伊塞克湖：玄奘亦云其淼然

[1] 拉维尔. 吉尔吉斯斯坦湖泊型旅游资源开发研究 [D]. 西安：长安大学, 2019.

[2] 朱德祥. 伊塞克湖水资源问题 [J]. 干旱区地理, 1988(3): 84-86.

[3] 王国亚, 沈永平, 王宁练, 等. 气候变化和人类活动对伊塞克湖水位变化的影响及其演化趋势 [J]. 冰川冻土, 2010, 32(6): 1097-1105.

[4] 徐小云. 吉尔吉斯斯坦的璀璨明珠——伊塞克湖 [J]. 俄罗斯中亚东欧市场, 2012(6): 53-54.

[5] 王国亚, 沈永平, 秦大河.1860—2005 年伊塞克湖水位波动与区域气候水文变化的关系 [J]. 冰川冻土, 2006(6): 854-860.

[6] 科瓦尔斯基, 沃罗特尼茨卡娅, 吕孟超. 铀在伊塞克湖中的生物迁移 [J]. 铀矿地质译丛, 1966(1): 30-35.